科学出版社"十三五"普通高等教育本科规划教材

动物解剖学与组织胚胎学

潘素敏　解慧梅　主编

科　学　出　版　社
北　京

内 容 简 介

本书共 14 个项目，内容包括动物体的基本结构识别、运动系统器官观察识别、被皮系统器官观察识别、消化系统器官观察识别、呼吸系统器官观察识别、泌尿系统器官观察识别、生殖系统器官观察识别、循环系统器官观察识别、淋巴系统器官观察识别、神经系统器官观察识别、内分泌系统器官观察识别、感觉器官观察识别、家禽的解剖特征观察、胚胎学基础。系统叙述了家畜和家禽各器官的形态构造及家畜的胚胎发育。本书图文结合，文字精练，层次清晰。

本书既可作为高职院校畜牧、兽医及相关专业的教材，也可供科研、生产单位有关人员参考。

图书在版编目（CIP）数据

动物解剖学与组织胚胎学 / 潘素敏，解慧梅主编. —北京：科学出版社，2017.3

科学出版社"十三五"普通高等教育本科规划教材

ISBN 978-7-03-051845-3

Ⅰ . ①动… Ⅱ . ①潘… ②解… Ⅲ . ①动物解剖学 – 高等学校 – 教材 ②动物胚胎学 – 组织（动物学）– 高等学校 – 教材 Ⅳ . ① Q954

中国版本图书馆 CIP 数据核字（2017）第 033522 号

责任编辑：丛 楠 韩书云 / 责任校对：李 影
责任印制：张 伟 / 封面设计：黄华斌

科 学 出 版 社 出版
北京东黄城根北街 16 号
邮政编码：100717
http://www.sciencep.com

北京虎彩文化传播有限公司 印刷
科学出版社发行 各地新华书店经销

*

2017 年 3 月第 一 版 开本：787×1092 1/16
2022 年 9 月第六次印刷 印张：11 1/4
字数：267 000

定价：69.00 元
（如有印装质量问题，我社负责调换）

动物医学专业职教师资培养资源开发项目

项目牵头单位　河北科技师范学院

项目负责人　杨宗泽

教育部动物医学本科专业职教师资培养核心课程系列教材编写委员会

《动物解剖学与组织胚胎学》编委会

主　编　潘素敏　河北科技师范学院

解慧梅　江苏农牧科技职业学院

副主编　加春生　黑龙江农业工程职业学院

赵惠媛　河北科技师范学院

参　编（以姓氏笔画为序）

王洪芳　沧州职业技术学院

王俊萍　沧州职业技术学院

张　燚　沈阳农业大学

冀建军　沧州职业技术学院

主　审　额尔敦木图　内蒙古农业大学

出 版 说 明

  《国家中长期教育改革和发展规划纲要（2010 — 2020 年）》颁布实施以来，我国职业教育进入到加快构建现代职业教育体系、全面提高技能型人才培养质量的新阶段。加快发展现代职业教育，实现职业教育改革发展新跨越，对职业学校"双师型"教师队伍建设提出了更高的要求。为此，教育部明确提出，要以推动教师专业化为引领，以加强"双师型"教师队伍建设为重点，以创新制度和机制为动力，以完善培养培训体系为保障，以实施素质提高计划为抓手，统筹规划，突出重点，改革创新，狠抓落实，切实提升职业院校教师队伍整体素质和建设水平，加快建成一支师德高尚、素质优良、技艺精湛、结构合理、专兼结合的高素质专业化的"双师型"教师队伍，为建设具有中国特色、世界水平的现代职业教育体系提供强有力的师资保障。

  目前，我国共有 60 余所高校正在开展职教师资培养，但由于教师培养标准的缺失和培养课程资源的匮乏，制约了"双师型"教师培养质量的提高。为完善教师培养标准和课程体系，教育部、财政部在"职业院校教师素质提高计划"框架内专门设置了职教师资培养资源开发项目，中央财政划拨 1.5 亿元，系统开发用于本科专业职教师资培养标准、培养方案、核心课程和特色教材等系列资源。其中，包括 88 个专业项目，12 个资格考试制度开发等公共项目。该项目由 42 家开设职业技术师范专业的高等学校牵头，组织近千家科研院所、职业学校、行业企业共同研发，一大批专家学者、优秀校长、一线教师、企业工程技术人员参与其中。

  经过三年的努力，培养资源开发项目取得了丰硕成果。一是开发了中等职业学校 88 个专业（类）职教师资本科培养资源项目，内容包括专业教师标准、专业教师培养标准、评价方案，以及一系列专业课程大纲、主干课程教材及数字化资源；二是取得了 6 项公共基础研究成果，内容包括职教师资培养模式、国际职教师资培养、教育理论课程、质量保障体系、教学资源中心建设和学习平台开发等；三是完成了 18 个专业大类职教师资资格标准及认证考试标准开发。上述成果，共计 800 多本正式出版物。总体来说，培养资源开发项目实现了高效益：形成了一大批资源，填补了相关标准和资源的空白；凝聚了一支研发队伍，强化了教师培养的"校—企—校"协同；引领了一批高校的教学改革，带动了"双师型"教师的专业化培养。职教师资培养资源开发项目是支撑专业化培养的一项系统化、基础性工程，是加强职教教师培养培训一体化建设的关键环节，也是对职教师资培养培训基地教师专业化培养实践、教师教育研究能力的系统检阅。

  自 2013 年项目立项开题以来，各项目承担单位、项目负责人及全体开发人员做了大量深入细致的工作，结合职教教师培养实践，研发出很多填补空白、体现科学性和前瞻性的成果，有力推进了"双师型"教师专门化培养向更深层次发展。同时，专家指导委员会的各位专家以及项目管理办公室的各位同志，克服了许多困难，按照两部对项目开发工作的总体要求，为实施项目管理、研发、检查等投入了大量时间和心血，也为各个项目提供了专业的咨询和指导，有力地保障了项目实施和成果质量。在此，我们一并表示衷心的感谢。

教育部 财政部职业院校教师素质
提高计划成果系列丛书编写委员会
2016 年 3 月

丛　书　序

为贯彻落实全国教育工作会议精神和《国家中长期教育改革和发展规划纲要（2010—2020年）》提出的完成培训一大批"双师型"教师、聘任（聘用）一大批有实践经验和技能的专兼职教师的工作要求，进一步推动和加强职业院校教师队伍建设，促进职业教育科学发展，教育部、财政部决定于2011～2015年实施职业院校教师素质提高计划，以提升教师专业素质、优化教师队伍结构、完善教师培养培训体系。同时制定了《教育部、财政部关于实施职业院校教师素质提高计划的意见》，把开发100个职教师资本科专业的培养标准、培养方案、核心课程和特色教材等培养资源作为该计划的主要建设目标。作为传统而现代的动物医学专业被遴选为培养资源建设开发项目。经申报、遴选和组织专家论证，河北科技师范学院承担了动物医学本科专业职教师资培养资源开发项目（项目编号VTNE062）。

河北科技师范学院（原河北农业技术师范学院）于1985年在全国率先开展农业职教师资培养工作，并把兽医（动物医学）专业作为首批开展职业师范教育的专业进行建设，连续举办了30年兽医专业师范类教育，探索出了新型的教学模式，编写了兽医师范教育核心教材，在全国同类教育中起到了引领作用，得到了社会的广泛认可和教育主管部门的肯定。但是职业师范教育在我国起步较晚，一直在摸索中前行。受时代的限制和经验的缺乏等影响，专业教育和师范教育的融合深度还远远不够，专业职教师资培养的效果还不够理想，培养标准、培养方案、核心课程和特色教材等培养资源的开发还不够系统和完善。开发一套具有国际理念、适合我国国情的动物医学专业职教师资培养资源实乃职教师资培养之当务之急。

在我国，由于历史的原因和社会经济发展的客观因素限制，兽医行业的准入门槛较低，职业分工不够明确，导致了兽医教育的结构单一。随着动物在人类文明中扮演的角色日益重要、兽医职能的不断增加和兽医在人类生存发展过程中的制衡作用的体现，原有的兽医教育体系和管理制度都已不适合现代社会。2008年，我国开始实行新的兽医管理制度，明确提出了执业兽医的准入条件，意味着中等职业学校的兽医毕业生的职业定位应为兽医技术员或兽医护士，而我国尚无这一层次的学历教育。要开办这一层次的学历教育，急需能胜任这一岗位的既有相应专业背景，又有职业教育能力的师资队伍。要培养这样一支队伍，必须要为其专门设计包括教师标准、培养标准、核心教材、配套数字资源和培养质量评价体系在内的完整的教学资源。

我们在开发本套教学资源时，首先进行了充分的政策调研、行业现状调研、中等职业教育兽医专业师资现状调研和职教师资培养现状调研。然后通过出国考察和网络调研学习，借鉴了国际上发达国家兽医分类教育和职教师资培养的先进经验，在我校30年开展兽医师范教育的基础上，在教育部《中等职业学校教师专业标准（试行）》的框架内，设计出了《中等职业学校动物医学类专业教师标准》，然后在专业教师标准的基础上又开发出了《动物医学本科专业职教师资培养标准》，明确了培养目标、培养条件、培养过程和质量评价标准。根据培养标准中设计的课程，制定了每门课程的教学目标、实现方法和考核标准。在课程体系的框架内设计了一套覆盖兽医技术员和兽医护士层级职业教育的主干教材，并有相应的配套数字资源支撑。

教材开发是整个培养资源开发的重要成果体现，因此本套教材开发时始终贯彻专业教育与职业师范教育深度融合的理念，编写人员的组成既有动物医学职教师资培养单位的人员，又有行业专家，还有中高职学校的教师，有效保证了教材的系统性、实用性、针对性。本套教材的特点有：①系统性。本套教材是一套覆盖了动物医学本科职教师资培养的系列教材，自成完整体系，不是在动物医学本科专业教材的基础上的简单修补，而是为培养兽医技术员和兽医护士层级职教师资而设计的成套教材。②实用性。本套教材的编写内容经过行业问卷调查和专家研讨，逐一进行认真筛选，参照世界动物卫生组织制定的《兽医毕业生首日技能》的要求，根据四年制的学制安排和职教师资培养的基本要求而确定，保证了内容选取的实用性。③针对性。本套教材融入了现代职业教育理念和方法，把职业师范教育和动物医学专业教育有机融合为一体，把职业师范教育贯穿到动物医学专业教育的全过程，把教材教法融入到各门课程的教材编写过程，使学生在学习任何一门主干课程时都时刻再现动物医学职业教育情境。对于兽医临床操作技术、护理技术、医嘱知识等兽医技术员和兽医护士需要掌握的技术及知识进行了重点安排。④前瞻性。为保证教材在今后一个时期内的领先地位，除了对现阶段常用的技术和知识进行重点介绍外，还对今后随着科技进步可能会普及的技术和知识也进行了必要的遴选。⑤配套性。除了注重课程间内容的衔接与互补以外，还考虑到了中职、高职和本科课程的衔接。此外，数字教学资源库的内容与教材相互配套，弥补了纸质版教材在音频、视频和动画等素材处理上的缺憾。⑥国际性。注重引进国际上先进的兽医技术和理念，将"同一个世界同一个健康"、动物福利、终生学习等理念引入教材编写中来，缩小了与发达国家兽医教育的差距，加快了追赶世界兽医教育先进国家的步伐。

本套教材的编写，始终是在教育部教师工作司和职业教育与成人教育司的宏观指导下和项目管理办公室，以及专家指导委员会的直接指导下进行的。农林项目专家组的汤生玲教授既有动物医学专业背景，又是职业教育专家，对本套教材的整体设计给予了宏观而具体的指导。张建荣教授、徐流教授、曹晔教授和卢双盈教授分别从教材与课程、课程与培养标准、培养标准与专业教师标准的统一，职教理论和方法，教材教法等方面给予了具体指导，使本套教材得以顺利完成。河北科技师范学院王同坤校长、主管教学的房海副校长、继续教育学院赵宝柱院长、教务处武士勖处长、动物科技学院吴建华院长在人力调配、教材整体策划、项目成果应用方面给予大力支持和技术指导。在此项目组全体成员向关心指导本项目的专家、领导一并致以衷心的感谢！

本套教材的编写虽然考虑到了编写人员组成的区域性、行业性、层次性，共有近200人参加了教材的编写，但在内容的选取、编写的风格、专业内容与职教理论和方法的结合等方面，很难完全做到南北适用、东西贯通。编写本科专业职教师资培养核心课程系列教材，既是创举，更是尝试。尽管我们在编写内容和体例设计等方面做了很多努力，但很难完全适合我国不同地域的教学需要。各个职教师资培养单位在使用本教材时，要结合当地、当时的实际需要灵活进行取舍。在使用过程中发现有不当和错误的地方，请提出批评意见，我们将在教材再版时予以更正和改进，共同推进我国动物医学职业教育向前发展。

动物医学本科专业职教师资培养资源开发项目组
2015 年 12 月

前　言

　　发展职业教育关键是要有一支高素质的职业教育师资队伍。教育部、财政部为解决这一限制职业教育发展的瓶颈问题，启动了职业学校教师素质提高计划。此计划的任务之一是开发出一套培养骨干专业本科职教师资的教学资源。动物医学本科专业职教师资培养资源开发则属于本套培养资源开发项目的组成部分，计划开发出包括中职学校动物医学专业教师标准、动物医学本科专业职教师资培养标准、动物医学本科专业职教师资培养质量评价体系、动物医学本科专业职教师资培养专用教材和数字教学资源库在内的系列教学资源。

　　本套培养资源开发正值我国兽医管理制度改革之际，其对中职学校兽医毕业生的岗位定位进行了明确界定。为此，中等职业学校兽医专业的办学定位也要进行大幅度调整，与之配套的职教师资职业素质也应进行重新设定。为适应这一新形势变化，动物医学专业职教师资培养资源开发项目组彻底打破了原有的课程体系，参考发达国家兽医技术员和兽医护士层面的教育标准，结合我国新形势下中职学校兽医毕业生的岗位定位和能力要求，设计了一套全新的课程体系，并为16门核心课程编制配套教材。本书是动物医学本科专业职教师资培养配套教材之一。

　　本书在内容设计上考虑到了动物医学职教师资培养的基本要求和中职兽医毕业生的最低专业能力要求。动物解剖学与组织胚胎学是动物医学专业的重要专业基础课。动物各器官结构的识别是兽医技术员和兽医护士最基本的技能，是掌握其他专业知识的前提。通过本课程的学习，让学生系统地掌握动物有机体各系统、器官、组织的正常形态结构，了解各器官、系统的生理功能，从而为后期相关课程的学习，打下坚实的理论基础和直观的形态学基础，这是动物医学职教老师必须熟练掌握的关键技能。

　　本书共分14个项目，项目一为动物体的基本结构识别，阐述细胞和四大组织的微细结构与功能的关系。项目二至项目十二以系统解剖学为主线，结合器官组织内容，阐述动物有机体各器官的形态、结构和位置关系。项目十三介绍家禽的解剖特征。项目十四介绍胚胎发育过程。编写体例上遵从职业教育特点设计了全新的编写体例，每个内容都是一个相对独立的工作任务，编写体例包括学习目标、常用术语、技能目标、基本知识等。每个项目后面列出复习思考题，便于学生课后复习和自学。

　　本书的编写人员来自全国动物医学专业职教师资培养单位、本科院校、高等职业专科学校。初稿完成后分发到上述各个单位广泛征求意见，也发给兽医临床资深专家进行审阅，经反复进行修改，形成定稿。

　　本书编写过程中，得到了项目主持单位领导的大力支持，也得到了各个编写单位的大力支持和通力合作，在此一并表示衷心的感谢。

编写职教师资培养核心课程教材，是一个大胆的尝试。由于编者水平有限，对于职业教育的特点还处于探索阶段，书中难免存在不足之处，恳请读者把在使用过程中发现的问题及时反馈给我们，以便在本书再版时予以修订。

潘素敏

2016 年 12 月 16 日

目　录

绪　论

【学习目标】

1. 熟悉动物解剖学与组织胚胎学的研究内容。
2. 熟悉动物体各部分的名称。
3. 掌握动物解剖学的常用术语。

【常用术语】

动物体方位术语：轴、长轴（纵轴）、横轴、面、矢状面（纵切面）、横断面、额面。
用于躯干的方位术语：内侧、外侧、背侧、腹侧、头侧、尾侧。

【技能目标】

能在动物活体上识别动物体的各部位。

【基本知识】

一、动物解剖学与组织胚胎学的研究内容

动物解剖学与组织胚胎学是研究正常动物有机体的形态、结构和发生发展规律的科学，是生物学的一个综合学科，包括大体解剖学、组织学和胚胎学。

（一）大体解剖学

大体解剖学是借助于刀、剪、锯等解剖器械，采用切割的方法，通过肉眼、解剖镜直接来观察正常动物体内各器官的形态、结构及相互位置关系的科学。根据叙述方法不同，可分为系统解剖学、局部解剖学、比较解剖学。

系统解剖学是按照机体机能进行叙述，把机体分为十一大系统：运动、被皮、消化、呼吸、泌尿、生殖、心血管、淋巴、神经、内分泌、感官。

局部解剖学是把机体划分为若干区域进行叙述，如胸部、腹部等，目的是为外科手术提供基础。

比较解剖学是对各类动物的同类器官进行比较研究，如牛、马、猪、羊。

此外，又因研究方法和目的的不同而分为发育解剖学和 X 线解剖学等。

（二）组织学

组织学又称显微解剖学，是借助于光学显微镜或电子显微镜研究动物体微细结构及相关功能的科学，研究内容包括细胞、组织和器官三部分。

细胞是畜禽机体形态构造和生命活动的基本单位，是畜禽机体新陈代谢、生长发育、繁殖分化的形态基础。

组织是构成畜禽体各器官的基本成分，是由一些来源相同、形态和功能相似的细胞和细胞间质构成的。通常根据形态、功能和发生将组织分为上皮组织、结缔组织、肌组

织和神经组织四大类。

器官是由几种不同的组织按一定规律结合成具有一定形态结构、占据一定位置、执行特定生理功能的结构，如心脏、肺等。

（三）胚胎学

胚胎学是研究动物个体发生及发展规律的科学，主要研究从卵子受精开始到个体形成过程中胚胎发育的形态、结构变化。

二、学习动物解剖学与组织胚胎学的目的和意义

动物解剖学与组织胚胎学是动物科学与动物医学专业的专业基础课，与其他专业课如生理学、病理学、外科学、饲养学等课程都有着密切的联系，是学好上述课程必不可少的基础。要想打好这个基础，必须持有形态与功能统一、局部与整体统一、发生发展和理论联系实际的观点来学习动物解剖学与组织胚胎学，并且要运用科学的逻辑思维，在分析的基础上进行归纳综合，以便整体地、全面地掌握和认识动物有机体各部分的形态结构特征。

从生产实践的角度看，要大力发展畜牧业生产，就必须用科学的方法饲养管理、培育良种、防治疾病和大量繁殖家畜家禽，不断提高畜禽产品的数量和质量，早日实现畜牧业生产现代化的目标。为此，我们只有正确认识和掌握畜禽机体正常的形态构造和生理功能，才能进一步识别畜禽机体的病理变化，才能有效地预防和治疗畜禽的疾病，进行合理的饲养管理和使役，有效地控制畜禽的繁殖和生长发育，促进畜牧业的发展，使畜牧业健康、快速地发展，从而促进人类健康。

三、动物体各部分的名称

动物体可分为三部分：头、躯干、四肢（图绪-1）。各部分的划分和命名主要以骨为基础。

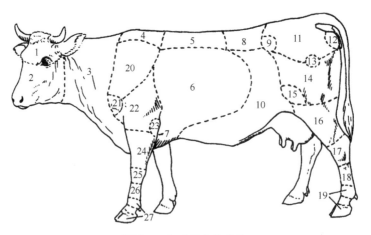

图绪-1　牛各部分的名称

1. 颅部；2. 面部；3. 颈部；4，5. 背部；6. 肋部；7. 胸骨部；8. 腰部；
9. 髋结节；10. 腹部；11. 荐臀部；12. 坐骨结节；13. 髋关节；14. 股部；
15. 膝部；16. 小腿部；17. 跗部；18. 跖部；19. 趾部；20. 肩胛部；21. 肩
关节；22. 臂部；23. 肘部；24. 前臂部；25. 腕部；26. 掌部；27. 指部

（一）头部

头部位于畜体的最前方，以内眼角和颧弓为界分为上方的颅部和下方的面部。

1. 颅部　位于颅腔周围，又分为以下几部分。

（1）枕部　位于颅部的后方，两耳根之间。

（2）顶部　位于枕部的前方。

（3）额部　位于顶部的前方，两眼眶之间。

（4）颞部　位于顶部的两侧，耳和眼之间。

（5）眼部　包括眼和眼睑。

（6）耳廓部　指耳和耳根附近。

2. 面部　位于口腔与鼻腔的周围，又分为以下几部分。

（1）眶下部　位于眼眶前下方，鼻后部外侧。

（2）鼻部　位于额部前方，包括鼻背和鼻外侧。

（3）鼻孔部　包括鼻孔和鼻周围。

（4）唇部　包括上唇和下唇。

（5）咬肌部　位于颞部下方，咬肌所在部位。

（6）颊部　颊肌所在部位。

（7）颏部　位于下唇腹侧。

（二）躯干

除头部和四肢以外的部分称为躯干部，包括颈部、胸背部、腰腹部、荐臀部和尾部。

1. 颈部　以颈椎为基础，颈椎以上的部分称为颈上部，以下的部分称为颈下部。

2. 胸背部　位于颈部和腰荐部之间。前方较高的部分称为耆甲部，其后方称为背部。两侧称为肋部，前下方称为胸前部，下部称为胸骨部。

3. 腰腹部　位于胸背部与荐臀部之间，上方为腰部，两侧和下方为腹部。

4. 荐臀部　位于腰腹部后方，上方为荐部，侧面为臀部，后方与尾部相连。

5. 尾部　位于荐部之后，以尾椎为基础。

（三）四肢

1. 前肢　借肩胛和臂部与躯干的胸背部连结。自近及远分为肩胛部、臂部、前臂部、前脚部（包括腕部、掌部、指部）。

2. 后肢　由臀部和荐部相连，由近及远又可分为大腿部（股部）、小腿部和后脚部（包括跗部、跖部、趾部）。

四、畜体的轴、面与方位术语

畜体正常站立，都是四肢着地。为了正确描述畜体各部和器官的方向及位置关系，以家畜正常站立时为标准，人们通常规定了轴、基本切面和方位术语（图绪-2）。

（一）轴

1. 长轴　动物站立时，从头端至尾部，与地面平行的轴称为长轴。长轴也可用于四肢和器官，均以纵长的方向为基准，四肢的长轴则是从近端至远端，与地面垂直。

2. 横轴　与长轴垂直，与地平面平行。

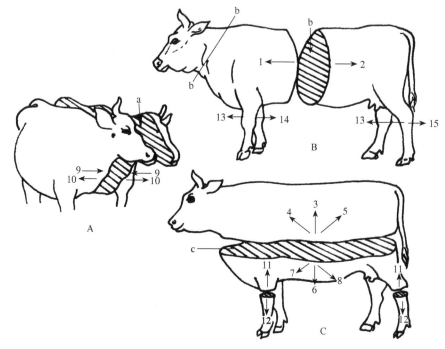

图绪-2 三个基本切面示意图

A. 正中矢状面示意图；B. 横断面示意图；C. 额面示意图

a. 正中矢状面；b，b-b. 横断面；c. 额面

1. 头侧；2. 尾侧；3. 背侧；4. 前背侧；5. 后背侧；6. 腹侧；7. 前腹侧；8. 后腹侧；

9. 内侧；10. 外侧；11. 近端；12. 远端；13. 背侧（四肢）；14. 掌侧；15. 跖侧

（二）面

基本切面包括矢状面、额面和横断面。

1. 矢状面　　平行于畜体纵轴，并垂直于地面的切面为矢状面。矢状面有无数个，其中通过畜体纵轴的矢状面，只有一个，它将畜体分为左、右对称的两部分，此矢状面称为正中矢状面。其余的矢状面则称为侧矢状面。

2. 额面（水平面）　　平行于畜体纵轴，同时平行于地面的切面为额面。额面与矢状面垂直，也有无数个。每一个额面均可将畜体分为背、腹两个不对称的部分。

3. 横断面（横切面）　　垂直于畜体纵轴，同时又垂直于地面的切面为横断面，同样有无数个。每一个横断面可将畜体分为前、后不对称的两部分。

（三）方位术语

把描述畜体各部分和各器官方向位置关系的词称为方位术语。

1. 躯干和头部的方位术语

（1）内侧与外侧　　在正中矢状面的两侧，靠近正中矢状面的为内侧；远离正中矢状面的为外侧。

（2）背侧与腹侧　　靠近畜体背部（脊柱）的部分为背侧；靠近畜体腹部的部分为腹侧。

（3）头侧与尾侧　　在躯干上近头端的部分为头侧；近尾端的部分为尾侧。在头部上，近口端的为口侧；远口端的为远口侧或返口侧。

2．四肢部的方位术语

（1）近端与远端　　离躯干近的位置为近端；离躯干远的位置为远端。

（2）背侧与掌侧或跖侧　　前、后肢的前面均为背侧；前肢的后面为掌侧，后肢的后面为跖侧。

五、组织学和胚胎学研究技术

（一）光学显微镜技术

对动物机体组织结构的研究，需借助于显微镜进行观察，通常用光学显微镜可将物体放大约 1500 倍，其分辨率约为 0.2μm。所观察的组织切片主要是采用石蜡切片技术制作的组织样本，其主要制作步骤是：将观察的新鲜材料切成小块，放入固定液中，使蛋白质成分迅速凝固，以保持生活状态下的结构。固定好的组织经乙醇脱水、二甲苯透明后，包埋在石蜡中。包埋好的组织用切片机切成 5～7μm 厚的薄片，贴于载玻片上，脱蜡后染色，最后用树胶加盖玻片封固。常用的染色方法是苏木精-伊红染色法，简称 HE 染色。HE 染色原理是苏木精染液为碱性且带有正电荷，由于细胞核内染色质中的脱氧核糖核酸两条链上的磷酸基团向外，带有负电荷，呈酸性，因此苏木精可以与其以离子键结合而将其染色。苏木精在碱性溶液中呈蓝色，因此细胞核被染成蓝色。同样，由于胞质内核糖体有核糖核酸的存在，也被染成蓝色。伊红 Y 是一种酸性染料，在水中可以水解成带有负电荷的阴离子，其可以与蛋白质的氨基正电荷相结合，因而可以使主要成分为蛋白质的细胞质被染成红色。此外，血液、骨髓等液体组织可直接涂在载玻片上制成涂片，腹膜和疏松结缔组织可制成铺片，骨组织可磨成磨片。上述制片也需要固定、染色后再观察。

（二）电子显微镜技术

电子显微镜是以电子枪代替光源，以电子束代替光线，以电磁透镜代替光学透镜，最后将放大的物像透射到荧光屏上进行观察。电镜的分辨率约为 0.2nm，比光镜高 1000 倍，可将物体放大几万到几十万倍。电镜下所见的结构称为超微结构。常用的电镜有透射电镜和扫描电镜。

1．透射电镜　　用于观察细胞内部的超微结构。进行透射电镜观察时，需要制备成 50～100nm 的超薄切片，其制备过程需经过戊二醛和锇酸固定、树脂包埋、超薄切片和重金属盐染色等步骤。组织被重金属染色的部位，在荧光屏上图像较暗，则为电子密度高。反之，则为电子密度低。

2．扫描电镜　　用于观察组织和细胞表面的立体结构。样品经固定、脱水、干燥镀膜后即可观察。扫描电镜的特点是视场大、景深长、图像富有立体感、样品制备简便、不需制成切片，但分辨率比透射电镜低。

（三）组织化学与细胞化学技术

组织化学与细胞化学技术是应用物理反应和化学反应原理，检测组织或细胞内某种化学物质的技术。例如，糖类、脂类和核酸等可与试剂发生物理、化学反应，形成有色的沉淀产物，通过显微镜观察，便于对其进行定性、定位和定量的研究。用过碘酸-雪夫反应（PAS 反应）可显示组织或细胞内的多糖和黏多糖，PAS 反应阳性产物为紫红色；苏丹Ⅲ法可使脂肪呈橙红色；巩-溴酚蓝法使蛋白质呈深鲜蓝色。

（四）免疫组织化学技术

免疫组织化学技术是利用抗原与抗体特异性结合的免疫学原理，检测组织或细胞中某些蛋白质或肽类等具有抗原性的大分子物质的分布。其原理是向动物体内注入抗原，使之产生相应的抗体，然后从动物血清中提取出该抗体，并进行抗体标记，再用标记的抗体与含相应抗原的组织进行反应，即可确定被检物质在组织细胞中的分布部位。常用的标记物有异硫氰酸荧光素和辣根过氧化物酶等。

除以上技术外，还有很多技术方法可用于组织学和胚胎学的研究，如组织培养技术、放射自显影术、细胞融合术、原位杂交术、形态计量术、流式细胞术等。

【复习思考题】

1. 何谓动物解剖学与组织胚胎学？
2. 结合活体说出动物体表各部位的名称和范围。
3. 动物解剖学的常用术语有哪些？

（潘素敏）

动物体的基本结构识别

任务一　动物细胞的结构识别

【学习目标】

掌握细胞的基本结构和功能。

【常用术语】

线粒体、内质网、高尔基复合体、溶酶体。

【技能目标】

熟练使用显微镜观察细胞的基本结构。

【基本知识】

一、细胞的概念

细胞是生物体形态结构、生理机能和生长发育的基本单位。组成细胞的基本物质是原生质，其包括细胞膜以内的所有物质，主要成分有水、无机盐、糖类、脂类、蛋白质、核酸等。

1665 年，英国人胡克（R. Hooke）用自制显微镜观察到软木塞内蜂窝状小室，发现软木的薄片是由许多小室所构成，他把这些小室命名为细胞。随后，经过许多人的观察与研究，对细胞的认识越来越深入。至 1838 年和 1839 年，德国人施莱登和施旺发表了细胞学说，指出植物体和动物体都是由细胞构成的。细胞学说的建立，使人们能把动植物界统一起来。恩格斯曾经高度评价了细胞学说，把它和能量转化规律及进化论并列为19 世纪自然科学的三大发现。恩格斯指出："第一是发现了细胞，发现细胞是这样一种单位，整个植物体和动物体都是从它的繁殖和分化中发育起来的。由于这一发现，我们不仅知道一切高等有机体都是按照一个共同规律发育和生长的，细胞的变异能力还指出了使有机体能改变自己的物种并从而能实现一个比个体发育更高的发育道路。"研究细胞的构造和机能，对于认识生命和改造生物具有重要的意义。

二、细胞的形态和大小

动物细胞的大小相差很大。多数细胞都很小，要用显微镜才能看到，平均直径为$10 \sim 100 \mu m$。小的只有几微米，如小脑的颗粒细胞为 $4 \sim 8 \mu m$。大的细胞可有数十微米，如大脑锥体细胞，有的甚至可达数厘米，如鸟类的卵细胞，肉眼也能看到。细胞大小与细胞机能相适应，与生物个体大小没有必然联系。

三、细胞的构造

绝大多数细胞均由细胞膜、细胞质和细胞核三部分构成（图1-1）。

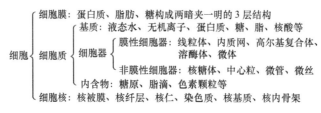

图 1-1　细胞的结构

（一）细胞膜

1. 细胞膜的化学成分及电镜结构

（1）化学成分　细胞膜主要由蛋白质和脂类构成，此外还有少量糖类。

（2）电镜结构　细胞膜是包在细胞质表面的一层薄膜，又称质膜，总厚度为7~10nm。

单位膜：电镜下，可见有三层结构，内、外两层电子致密度高，深暗；中间一层电子致密度低，明亮。各层厚约2.5nm，具有这样三层结构的膜称为单位膜。单位膜不仅存在于细胞膜，也存在于某些细胞器的细胞内膜，细胞膜和细胞内膜统称为生物膜。细胞内凡具有单位膜的结构统称为膜相结构。

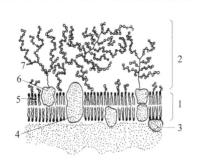

图 1-2　细胞膜液态镶嵌模型图

1. 脂质双层；2. 糖衣；3. 外在蛋白；
4. 嵌入蛋白；5. 糖脂；6. 糖蛋白；7. 糖链

2. 细胞膜的分子结构　目前公认的是"液态镶嵌模型"（图1-2）学说。在细胞膜的外表面，糖分子可与蛋白质分子或脂质分子相结合，形成糖链，糖链常突出于细胞膜的外表面形成致密丛状的糖衣，称为细胞衣。

3. 细胞膜的功能

（1）界膜作用　为细胞的生命活动提供相对稳定的内环境。

（2）物质交换　完成细胞内外的物质交换，有以下几种方式。

1）被动运输：是指物质顺着浓度差由高浓度的一侧通过细胞膜向低浓度的一侧运输。

2）主动运输：是指物质逆浓度差由低浓度的一侧通过细胞膜向高浓度的一侧运输。这种运输过程需要消耗能量，即 ATP⟶ADP＋能量。

3）胞吞作用和胞吐作用：细胞膜从外界摄入物质的过程称为胞吞作用（入胞）。内吞物质为固体就称为吞噬作用，为液体则称为吞饮作用。细胞膜向外界排放物质的过程称为胞吐作用。胞吞作用和胞吐作用均需消耗能量。

（3）参与信息传递　细胞膜上的糖蛋白可以作为激素蛋白受体，与相应激素作用进行信息传递。另外，特定的两个细胞膜接触，也可使信息从一个细胞传递给另一个细胞。

（4）参与细胞识别　细胞膜上有大量蛋白质，其中一些蛋白质起受体作用，这些受体是细胞进行识别的分子基础。

（5）参与免疫反应 许多免疫因子通过细胞膜上的靶因子，激活下游信号通路，进行免疫反应。

（二）细胞质

细胞质包括基质及悬浮在基质中的各种细胞器和内含物。基质呈液态，为透明无定型的胶状。内含物指细胞质中具有一定形态的营养物质或代谢产物。细胞器是细胞质中具有一定形态结构和执行特定生理机能的微小"器官"，根据其有无单位膜包裹，可分为膜相结构及非膜相结构两大类。

1. 线粒体 几乎存在于所有细胞内。

（1）结构 光镜下呈短杆状或颗粒状，长 1～2μm，直径 0.5～1.0μm。电镜下是由双层单位膜包裹而成的封闭囊状叠套结构。外膜光滑，呈封闭状，内膜向腔内折叠形成板层状或小管状线粒体嵴。内、外两膜之间有膜间腔（外室），内膜所围成的腔隙称为内室，内室中充满线粒体基质。线粒体含有一套遗传系统，能合成少量蛋白质（占自身蛋白质的 10%）（图 1-3）。

（2）功能 具有能量转换和供应的作用。当细胞需要能量时，即 ATP $\longrightarrow$ ADP＋能量。

2. 核糖体（核蛋白体）

（1）结构 由 rRNA 与蛋白质结合而成的椭圆形致密颗粒，大小为 15nm×25nm，外无单位膜包裹。每个核糖体由大、小两个亚基组成，多个核糖体可由 mRNA 串联起来形成多聚核糖体。多聚核糖体若游离于胞质内，称游离核糖体；若附着于内质网的外表面上，称附膜核糖体。

（2）功能 合成蛋白质。

3. 内质网

（1）结构 由单位膜构成的互相通连的扁平囊及小泡小管，可与核膜、质膜、高尔基复合体相连通。根据其表面是否附有核糖体，可将内质网（ER）分为粗面内质网（有核糖体附着）和滑面内质网（无核糖体附着，多为小泡、小管状）。

（2）功能 粗面内质网（RER）（图 1-4）合成分泌蛋白。滑面内质网的功能较为复杂，因其内含不同的酶而具不同的功能，如合成类固醇激素、解毒、胆汁生成、糖脂代谢等。

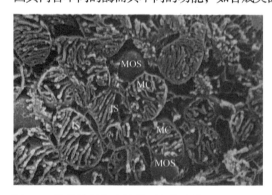

图 1-3 线粒体的超微结构（扫描电镜，×30 000）
（李德雪和尹昕，1995）
MOS. 线粒体外表面；MC. 线粒体嵴；IS. 嵴间腔

图 1-4 粗面内质网的超微结构（扫描电镜，×6000）
（李德雪和尹昕，1995）
ERS. 内质网之间的间隙；ERC. 内质网腔；R. 核糖体

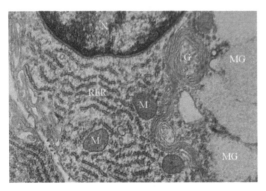

图 1-5　高尔基复合体的超微结构（透射电镜，
×38 000）（李德雪和尹昕，1995）
G. 高尔基复合体；RER. 粗面内质网；M. 线粒体；
N. 细胞核；MG. 黏原颗粒

4. 高尔基复合体

（1）结构　　光镜下成网状，多位于核附近，因此也有内网器之称。电镜下可见高尔基复合体（G）由单位膜包裹构成的扁平囊泡、小泡和大泡三部分组成（图 1-5）。扁平囊略弯曲呈弓形，凸面朝向核，称形成面，小泡位于此，小泡由 RER 出芽而来，其内含有由 RER 合成的蛋白质，并将其运送到扁平囊泡，故称转运小泡；凹面朝向膜，称成熟面，大泡位于此，有浓缩分泌物的作用，又称浓缩泡。

（2）功能　　与细胞内某些合成物质的浓缩、积聚和分泌有关。

5. 溶酶体

（1）结构　　为膜性囊状小体，直径（d）为 0.25～0.8μm，溶酶体（Ly）内含有多种酸性水解酶。其标志酶为酸性磷酸酶。依其是否有作用底物分为以下两种。

1）初级溶酶体：是新生溶酶体，仅含有水解酶，无作用底物。

2）次级溶酶体：由初级溶酶体与作用底物结合形成。根据底物来源又分为三种：①自噬溶酶体，作用底物为内源性细胞退变、崩解的成分。②异噬溶酶体，作用底物为外源性的，即细胞内吞的细胞外异物。③混合溶酶体，其作用底物既有内源性的又有外源性的。当溶酶体的消化作用完成后，其中含一些不能再被消化的剩余物，如脂褐素等，这种次级溶酶体称为残余体。

（2）功能　　具有消化分解细胞内各种大分子物质的作用。

6. 过氧化物酶体　　又称微体，为圆形或卵圆形小泡，外包单位膜，含多种酶，标志酶为过氧化氢酶。

7. 中心粒　　光境下呈颗粒状，电镜下为 9 组三联微管。其作用是参与细胞有丝分裂过程，参与鞭毛与纤毛的形成。

8. 环孔板　　是带有环形小孔的平行排列的膜性扁平囊泡。

9. 微管　　是一种中空的管状结构，以三种形状存在，即单微管、二联微管、三联微管。其功能是构成细胞骨架。

10. 微丝　　存在于多种细胞内。其功能是构成细胞骨架。

11. 中间丝　　又称中等纤维，介于粗肌丝和细肌丝之间。其功能是构成细胞骨架、传递信息。

12. 微梁网　　构成细胞骨架。

（三）细胞核

除哺乳动物成熟的红细胞外，所有真核细胞均有核。一个细胞通常为一个核，但也有双核甚至多核的（骨骼肌细胞）。其形态多呈圆形、椭圆形，但也有的呈杆状、分叶状等。细胞核均由核膜、核仁、核基质、染色质（染色体）和核内骨架组成（图 1-6）。

1. 核膜　　电镜下可见由内、外两层单位膜构成，两层膜间有 20～40nm 的间隙，称核周隙。核膜（NM）上有许多核孔，是一组蛋白质颗粒以特定方式排布而成的复杂结构，称核孔复合体。在内核膜的内表面，有一层纤维状的蛋白质纵横整齐排列，整体观为笼状，称核纤层。核内骨架、核纤层、核孔复合体相连构成核骨架。

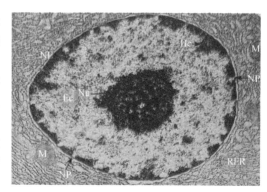

图1-6 细胞核的超微结构（透射电镜，×22 200）（李德雪和尹昕，1995）

Nu. 核仁；Hc. 异染色质；Ec. 常染色质；NM. 核膜；
NP. 核孔；M. 线粒体；RER. 粗面内质网

2. 核仁 多数细胞核有1～2个核仁（Nu），在蛋白质合成旺盛的细胞，核仁大而明显。其化学成分为RNA、DNA和蛋白质。其中核仁内的染色质又称核仁组织者，是分布在核仁周围的染色质伸入核仁内的部分，属常染色质，内含rRNA基因。其功能为合成rRNA和组装核糖体大、小亚基的前体。

3. 核基质 也称核液，内含水、各种酶和无机盐等，是核行使各种功能活动的内环境。

4. 染色质（染色体） 染色质是间期核内易被碱性染料着色的结构，其化学组成为DNA、RNA、组蛋白和非组蛋白。在分裂间期，着色浅，处于伸展状态，有转录活性的染色质，称常染色质；有的部分呈浓缩状态，着色深，不转录或转录不活跃的染色质，称异染色质。染色质的结构单位是核小体（图1-7）。

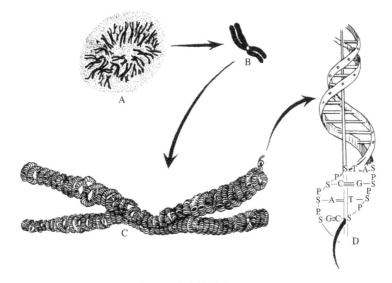

图1-7 染色体结构模式图

A. 有丝分裂中期的染色体；B. 分离后的染色体；
C. 染色体放大后示螺旋状盘绕的染色丝；D. 示螺旋状排列的DNA

当细胞进入分裂期，染色质丝高度螺旋化，变粗变短，在光镜下为短线状或棒状结构，称染色体。可见染色质和染色体是同一物质在细胞间期和分裂期不同的形态表现。

染色体的形态结构：着丝粒、着丝点。着丝粒和着丝点所在的区域染色体缢缩变细，称主缢痕。有些染色体除主缢痕外，还有特别细窄的区域，称次缢痕。在次缢痕的远端连着一个球形小体，称随体。染色体核型：染色体可按长短、结构、着丝点位置等特征进行分组编号，组成染色体组型。

分裂中期，可见每条染色体均由两条染色单体构成，借着丝粒连接，称姐妹染色单体。在体细胞中，染色体成对出现（2n），其中一条来自父本，另一条来自母本，称同源染色体。染色体中有一对与性别有关，称性染色体，哺乳类为 XX-XY，禽类为 ZW-ZZ。其他染色体均称常染色体。

染色体的数目：猪 38，人 46，牛 60，鸡 78，鸭 80。

四、细胞增殖与分化

（一）细胞增殖

细胞增殖是通过细胞分裂来实现的。细胞从一次分裂结束到下一次分裂结束的过程，称一个细胞周期。它包括分裂间期和分裂期。

1. 分裂间期 是指细胞从一次分裂结束到下一次分裂开始之间的过程。

（1）G_1 期 DNA 合成前期。

（2）S 期 DNA 合成期。

（3）G_2 期 DNA 合成后期。

（4）G_0 期 转入休止状态的 G_1 期细胞。

2. 分裂期（M 期） 有三种方式：有丝分裂、无丝分裂和减数分裂。

（1）有丝分裂（间接分裂） 分 4 个时期：前期、中期、后期、末期。

（2）无丝分裂（直接分裂） 细胞质和细胞核一分为二。

（3）减数分裂 仅出现于生殖细胞的成熟过程中，是由连续两次的成熟分裂组成：①同源染色体配对，互换基因，然后相互分开，分配到子细胞中；②姐妹染色单体进入两个子细胞中。两次分裂过程只经过一次 DNA 复制。意义：①同源染色体互换基因，使其后代接受双亲的遗传信息；②形成的生殖细胞染色体数目比之前减少一半，精卵结合后恢复原来的二倍体结构。

（二）细胞分化

细胞分化是指多细胞生物在个体发育过程中，细胞在分裂的基础上，彼此间在形态结构、生理功能等方面产生稳定性差异的过程。在体内，有的细胞已高度分化，失去了分化成其他细胞的能力，称高分化细胞；有的细胞保持有较强分化成其他细胞的能力，称低分化细胞（如间充质细胞）。一般来说，分化低的细胞增殖能力强，分裂速度快；分化高的细胞增殖能力差，甚至失去增殖能力，分裂速度慢。

五、细胞的衰老与死亡

1. 细胞衰老 是指细胞适应环境变化和维持细胞内环境稳定的能力降低，并以形态结构和生化改变为基础。

2. 细胞死亡 是细胞生命现象不可逆的终止。细胞死亡分为两种：细胞坏死和细胞凋亡（细胞程序性死亡）。

（1）细胞坏死 是由外界因素如贫血、损伤、生物侵袭等造成的细胞急速死亡。

（2）细胞凋亡 细胞自然死亡，自己结束生命。

任务二 基本组织的结构观察

【学习目标】

1. 熟悉被覆上皮的结构和分布。
2. 熟悉固有结缔组织的结构和分布。
3. 熟悉各种肌组织的结构和分布。
4. 熟悉神经组织的结构和分布。

【常用术语】

被覆上皮、腺上皮、单层上皮、复层上皮、固有结缔组织、软骨组织、骨组织、血液和淋巴、骨骼肌、心肌、平滑肌、神经元、树突、轴突、神经胶质细胞。

【技能目标】

1. 能够在显微镜下区别并掌握各种被覆上皮组织的特点。
2. 能够在显微镜下区别并掌握各种结缔组织的特点。
3. 能够在显微镜下区别并掌握各种肌组织的特点。
4. 熟练掌握神经元的结构特点。

组织是由许多结构和功能密切联系的细胞,借细胞间质连接在一起所形成的细胞集体。根据组织的结构和功能特点分为四大类:上皮组织、结缔组织、肌组织和神经组织。

【基本知识】

一、上皮组织的识别及观察

上皮组织简称上皮,由紧密排列的细胞和少量的细胞间质构成。上皮组织的一般特点:①细胞多,间质少。②细胞排列有极性,上皮组织的细胞具有极性,即细胞的两端在结构和功能上具有明显的差别。上皮细胞的一端朝向身体表面或有腔器官的腔面,称游离面;与游离面相对的另一端朝向深部的结缔组织,称基底面。③上皮组织中没有血管。④上皮组织内神经末梢丰富。上皮组织具有保护、吸收、分泌和排泄等功能。根据上皮组织的结构、功能及分布不同,将其分为五大类:①被覆上皮,覆盖于体表,衬贴于有腔器官的内表面或某些器官的外表面。②腺上皮,分布于各种腺体内。③感觉上皮,分布于感觉器官,如味蕾、视网膜等。④生殖上皮,分布于卵巢表面、曲细精管。⑤肌上皮,分布于腺泡基部。本节主要介绍被覆上皮和腺上皮。

(一) 被覆上皮

根据上皮细胞层数和细胞形状分类,由一层细胞组成的称单层上皮,由多层细胞组成的称复层上皮。

1. 单层上皮的形态结构及功能

（1）单层扁平上皮　由一层扁平的多边形细胞组成，从表面看，细胞呈不规则的多边形，边缘呈锯齿状，彼此间相互嵌合；核椭圆形，位于细胞中央，胞质少，细胞器不发达，侧面观细胞呈梭形，核椭圆并外突。内皮：衬于心、血管、淋巴管腔面的被覆上皮。间皮：胸膜、腹膜、心包膜及器官表面的上皮。内皮薄而光滑，有利于心血管和淋巴管内液体流动和物质交换，间皮表面光滑湿润，坚韧耐磨，有保护作用（图1-8）。

（2）单层立方上皮　由一层立方形细胞组成，表面呈多边形，侧面呈立方形，细胞核呈圆形，位于细胞中央。分布于肾小管、外分泌腺的小导管、甲状腺滤泡。具有分泌和吸收等功能（图1-9）。

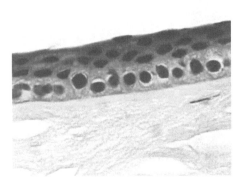

图1-8　单层扁平上皮（Michael Akers & Michael Denbow，2013）

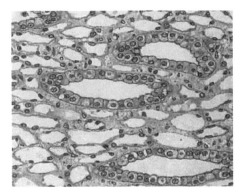

图1-9　单层立方上皮（Michael Akers & Michael Denbow，2013）

（3）单层柱状上皮　由一层棱柱形细胞组成。在肠管的柱状细胞间，有许多散在的杯状细胞，其形态似高脚酒杯，胞质内充满黏原颗粒，胞核呈三角形，位于细胞基部。杯状细胞是单细胞腺，能分泌黏液，具有润滑和保护作用。单层柱状上皮具有吸收和分泌作用（图1-10）。

（4）假复层纤毛柱状上皮　由形态不同、高低不等的柱状细胞、杯状细胞、梭形细胞和锥体形细胞组成，侧面观似复层，但细胞的基底端均附于同一基膜上，实为单层上皮，故称假复层。分布：各级呼吸道黏膜。具有保护、分泌和排出分泌物等作用（图1-11）。

图1-10　单层柱状上皮（Michael Akers & Michael Denbow，2013）

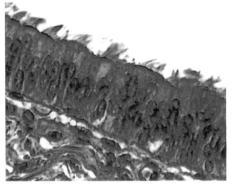

图1-11　假复层纤毛柱状上皮（Michael Akers & Michael Denbow，2013）

2. 复层上皮的形态结构及功能

（1）复层扁平上皮 又叫复层鳞状上皮，由多层细胞组成。紧靠基膜的一层为低柱状，中间数层为多边形，近浅层移行为扁平形。分布于皮肤表皮的复层扁平上皮表层细胞含角质蛋白，形成角质层，称角化复层扁平上皮，具有很强的保护和抗磨损作用。而衬在口腔、食管、肛门、阴道和反刍兽前胃内的上皮含角质蛋白较少，不形成角质层，称非角化复层扁平上皮，耐摩擦，具有很强的保护作用，并可防止外物侵入（图1-12）。

 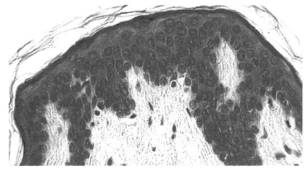

非角化复层扁平上皮　　　　　　　　角化复层扁平上皮

图1-12　复层扁平上皮（Michael Akers & Michael Denbow，2013）

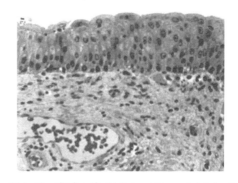

图1-13　变移上皮（Michael Akers & Michael Denbow，2013）

（2）变移上皮 又称移行上皮，主要分布于输尿管、膀胱和尿道（图1-13）。细胞的形态和层数可随所在器官的功能状态而改变。如膀胱收缩时，上皮变厚，有5～6层，膀胱扩张时，上皮变薄，有2～3层。变移上皮的表层细胞较大，胞质丰富，具有嗜酸性，叫盖细胞。游离面的细胞有防止尿液侵蚀和渗入的作用，叫壳层。中间层细胞呈倒梨形或梭形。基底细胞呈立方或矮柱形。电镜表明：表层和中间层的细胞下方都有突起附着于基膜，故为假复层上皮。变移上皮有收缩、扩张功能。

3. 上皮组织的特殊结构及功能 上皮组织细胞之间连接非常紧密，在细胞的游离面、侧面、基底面可形成一些特殊的结构以适应其相应的功能。这些结构在其他组织也存在。

（1）细胞游离面的特殊结构

1）细胞衣：附着于细胞表面的一层由复合糖构成的茸状结构。具有黏着、识别、保护功能。

2）微绒毛：细胞向表面伸出微小的指状突起，内含微丝。在光镜下可显示为纹状缘（小肠上皮）和刷状缘（近端小管上皮）。可扩大吸收面积。

3）纤毛：细胞向表面伸出能摆动的较大突起，内含微管。能摆动，起保护和清洁作用。

4）鞭毛：结构与纤毛基本相同，更粗壮，每个细胞仅有1～2根。

5）静纤毛：类似纤毛的细长突起，内含微丝，不能摆动。具有分泌、感觉功能。

（2）细胞侧面特殊结构的功能

1）紧密连接功能：连接、屏障。

2）中间连接功能：强化粘连。

3）桥粒功能：牢固结合。

4）缝隙连接功能：物质交换、通信。

5）镶嵌连接功能：扩大接触面。

（3）胞基底面特殊结构的功能

1）基膜功能：固定细胞、物质选择性渗透。

2）质膜内褶功能：扩大交换面积，如近曲小管的基底纹、唾液腺的纹管等。

3）半桥粒功能：强化细胞固着力。

（二）腺上皮和腺

以分泌功能为主的上皮称为腺上皮。以腺上皮为主要成分组成的器官称为腺。腺上皮起源于胚胎期原始上皮，上皮细胞分裂增殖形成细胞索，长入深层的结缔组织中，逐渐具有分泌功能形成腺。腺细胞的分泌物经导管被输送到体表或某些器官的腔内，称为外分泌腺或有管腺，如各种消化腺、乳腺等。有些腺体在发生过程中导管逐渐消失，其分泌物渗入附近血液或淋巴，经循环系统输送并作用于特定的组织或器官，此种腺称为内分泌腺或无管腺。本节主要介绍外分泌腺的一般结构，内分泌腺详见项目十一。

1. 外分泌腺的一般结构　　外分泌腺分为单细胞腺和多细胞腺。

（1）单细胞腺　　腺体只有一个细胞，如分布于呼吸道和肠上皮细胞之间的杯状细胞。杯状细胞形似高脚杯，细胞顶部膨大，胞质内充满黏原颗粒，核位于细胞细窄的下部。杯状细胞可分泌黏液。

（2）多细胞腺　　腺体由许多腺细胞组成，包括分泌部和导管部。

1）分泌部：又称腺泡，由一层腺细胞构成，中央为腺泡腔，腺泡具有分泌功能。

2）导管部：与分泌部相连，管壁由单层或复层上皮构成，具有输送腺细胞分泌物的作用，但有的导管兼有吸收和分泌作用。

2. 多细胞腺的分类

（1）根据腺的形态分类　　根据分泌部的形状可分为管状腺、泡状腺、管泡状腺。根据导管有无分支，又分为单腺和复腺。

（2）根据分泌物的性质分类　　可分为黏液性腺、浆液性腺和混合性腺。

1）黏液性腺：由黏液性腺细胞构成，核呈扁圆形，位于细胞基底部，顶部胞质含丰富的黏原颗粒。

2）浆液性腺：由浆液性腺细胞构成，细胞呈椎体形，核圆形，位于细胞近基底部。顶部胞质含嗜酸性的分泌颗粒，基部胞质呈强嗜碱性。分泌物较稀薄，内含有各种消化酶和少量黏液，如腮腺。

3）混合性腺：由浆液性腺细胞和黏液性腺细胞构成，分泌物兼有浆液和黏液，如颌下腺。细胞呈半月形，称浆半月。

二、结缔组织的识别及观察

结缔组织是体内分布最为广泛的一类组织，由细胞和大量的细胞间质构成。细胞间质包括基质、细丝状的纤维和不断循环更新的组织液。结缔组织根据形态不同分为图 1-14 中所示的几种。

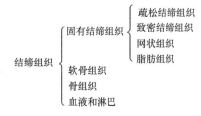

图 1-14　结缔组织的种类

结缔组织的特点：①细胞数量少，种类多，细胞散布于细胞间质内，分布无极性。②细胞间质成分多。③结缔组织内含有血管和淋巴管。④分布极为广泛。⑤不直接与外界环境接触。⑥各种结缔组织均是由间充质分化而来。间充质是胚胎时期分散存在的中胚层组织。间充质细胞多突起，呈星状，相互连接成网，胞质呈弱嗜碱性，胞核大、色浅，核仁明显。可增殖为成纤维细胞、脂肪细胞、血管内皮、平滑肌等。具有连接、支持、营养、保护、防御、修复等作用。

（一）固有结缔组织

1. 疏松结缔组织　　也称蜂窝组织，广泛分布于各组织、器官乃至细胞之间（图 1-15）。其特点是细胞数量少，但种类多，排列疏散。具有连接、支持、营养、防御、保护和修复功能（图 1-16）。

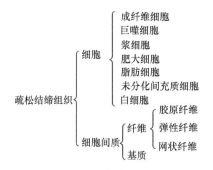

图 1-15　疏松结缔组织的种类

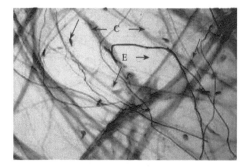

图 1-16　疏松结缔组织（Michael Akers & Michael Denbow，2013）

C. 胶原纤维；E. 弹性纤维

（1）细胞

1）成纤维细胞：是疏松结缔组织的主要细胞成分。胞体长扁平形，多突起，呈星状，胞核较大，扁卵圆形，染色质稀疏，色浅，核仁明显。胞质内富含粗面内质网、游离核糖体和高尔基复合体，胞质呈弱嗜碱性。当成纤维细胞机能处于相对静止时称纤维细胞，胞体变小，呈长梭形，突起少，胞核小，着色深，核仁不明显。该细胞具有合成三种纤维和基质的能力。

2）巨噬细胞：是体内分布广泛的具有强大吞噬功能的细胞，分布于疏松结缔组织内的巨噬细胞又称组织细胞。其细胞形态多样，常有短而钝的突起（伪足）。核小色深；胞质嗜酸性，该细胞由血液内的单核细胞穿出血管后分化而来。巨噬细胞的功能有：①趋化性和变形运动。细胞受到某些化学物质的刺激可做定向运动，聚集到产生和释放这些化学物质的部位，这种特性称为趋化性。这类化学物质称为趋化因子。②吞噬作用。非特异性，具有广泛性。③分泌作用。巨噬细胞可以分泌十多种生物活性物质，如白细胞介素、过氧化物酶、补体等。④参与免疫应答。巨噬细胞可将吞噬的病原微生物等抗原物质加工处理，并传递给淋巴细胞，发生免疫应答（特异性）。

3）浆细胞：胞体呈卵圆形或圆形，核圆形偏于细胞一侧，近核处有一淡染区，胞质呈嗜碱性，内有大量平行排列的粗面内质网和游离的核糖体及发达的高尔基复合体。该细胞来源于 B 淋巴细胞。功能：浆细胞具有合成、贮存与分泌抗体（免疫球蛋白）的功能，参与机体的体液免疫应答。

4）肥大细胞：沿小血管或淋巴管分布，胞体较大，呈圆形或卵圆形，核小而圆，色深。胞质内充满异染性颗粒，颗粒内含有组胺、白三烯、肝素和嗜酸性粒细胞趋化因子等。

5）脂肪细胞：多成群分布。胞体较大，呈圆球形，胞质内含有大量脂滴，使胞核被挤压至细胞一侧，呈新月形。功能：合成与贮存脂肪，参与脂质代谢。

（2）纤维

1）胶原纤维：数量最多，新鲜时呈白色，有光泽，又称白纤维。HE 染色切片中呈嗜酸性，着浅红色。纤维粗细不等，直径为 $1\sim20\mu m$，呈波浪形，并互相交织。胶原纤维由直径 $20\sim200nm$ 的胶原原纤维粘合而成。电镜下，胶原原纤维显明暗交替的周期性横纹，横纹周期约 64nm。胶原纤维的韧性大，抗拉力强。胶原纤维的化学成分为 I 型和 II 型胶原蛋白。胶原蛋白（简称胶原）主要由成纤维细胞分泌。分泌到细胞外的胶原再聚合成胶原原纤维，进而集合成胶原纤维。

2）弹性纤维：新鲜状态下呈黄色，又称黄纤维。在 HE 标本中，着色轻微，不易与胶原纤维区分。但醛复红或地衣红能将弹性纤维染成紫色或棕褐色。弹性纤维较细，直行，分支交织，粗细不等（$0.2\sim1.0\mu m$），表面光滑，断端常卷曲。电镜下，弹性纤维的核心部分电子密度低，由均质的弹性蛋白组成，核心外周覆盖微原纤维，直径约 10nm。弹性蛋白分子能任意卷曲，分子间借共价键交联成网。在外力牵拉下，卷曲的弹性蛋白分子伸展拉长；除去外力后，弹性蛋白分子又回复为卷曲状态。

弹性纤维富有弹性而韧性差，与胶原纤维交织在一起，使疏松结缔组织既有弹性又有韧性，有利于器官和组织保持形态位置的相对恒定，又具有一定的可变性。

3）网状纤维：较细，分支多，交织成网。网状纤维由 III 型胶原蛋白构成，也具有 64nm 周期性横纹。纤维表面被覆蛋白多糖和糖蛋白，故 PAS 反应阳性，并具嗜银性。用银染法，网状纤维呈黑色，故又称嗜银纤维。网状纤维多分布在结缔组织与其他组织交界处，如基膜的网板、肾小管周围、毛细血管周围。在造血器官和内分泌腺有较多的网状纤维，构成它们的支架。

（3）基质　　它是一种由生物大分子构成的胶状物质，具有一定的黏性。构成基质的大分子物质包括蛋白多糖和糖蛋白。蛋白多糖是由蛋白质与大量多糖结合成的大分子复合物，是基质的主要成分。其中多糖主要是透明质酸，是以含有氨基己糖的双糖为基本单位聚合成的长链化合物，总称为糖胺多糖。由于糖胺多糖分子存在大量阴离子，故能结合大量水（结合水）。透明质酸是一种曲折盘绕的长链大分子，拉直可达 $2.5\mu m$，由它构成蛋白多糖复合物的主干，其他糖胺多糖则以蛋白质为核心构成蛋白多糖亚单位，后者再通过连接蛋白结合在透明质酸长链分子上。蛋白多糖复合物的立体构型形成有许多微孔隙的分子筛，小于孔隙的水和溶于水的营养物、代谢产物、激素、气体分子等可以通过，便于血液与细胞之间进行物质交换。大于孔隙的大分子物质如细菌等不能通过，使基质成为限制细菌扩散的防御屏障。溶血性链球菌和癌细胞等能产生透明质酸酶，破坏基质的防御屏障，致使感染和肿瘤浸润扩散。

2. 致密结缔组织 致密结缔组织是一种以纤维为主要成分的固有结缔组织，纤维粗大，排列致密，以支持和连接为其主要功能。根据纤维的性质和排列方式，可区分为以下几种类型。

（1）规则的致密结缔组织 主要构成肌腱和腱膜。大量密集的胶原纤维顺着受力的方向平行排列成束，基质和细胞很少，位于纤维之间（图1-17）。细胞成分主要是腱细胞，它是一种形态特殊的成纤维细胞，胞体伸出多个薄翼状突起插入纤维束之间，胞核扁椭圆形，着色深。

图 1-17 规则的致密结缔组织（肌腱）

（2）不规则的致密结缔组织 见于真皮、硬脑膜、巩膜及许多器官的被膜等，其特点是方向不一的粗大的胶原纤维彼此交织成致密的板层结构，纤维之间含少量基质和成纤维细胞。

（3）弹性组织 是以弹性纤维为主的致密结缔组织。粗大的弹性纤维或平行排列成束，如项韧带和黄韧带，以适应脊柱运动；或编织成膜状，如弹性动脉中膜，以缓冲血流压力。

机体内还有一些部位的结缔组织纤维细密，细胞种类和数量较多，常称为细密结缔组织，如消化道和呼吸道黏膜的结缔组织。

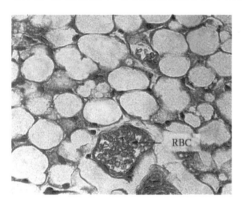

图 1-18 脂肪组织（RBC 为红细胞）
（Michael Akers & Michael Denbow，2013）

3. 脂肪组织 由大量群集的脂肪细胞构成（图1-18），分为以下两类。

（1）黄（白）色脂肪组织 由大量单泡脂肪细胞聚集而成，主要分布在皮下、网膜和系膜等处，是体内最大的贮能库。

（2）棕色脂肪组织 由多泡脂肪细胞组成。组织呈棕色，含丰富的毛细血管。细胞核圆，位于细胞中央，胞质内有许多小脂滴。棕色脂肪组织见于新生儿及冬眠动物。

4. 网状组织 由网状细胞、网状纤维和基质构成。网状细胞呈星状，多突起，突起彼此连接成网，核大色浅，核仁明显，网状细胞产生网状纤维，纤维细，分支多，构为网状细胞的支架。网状组织构成淋巴组织和骨髓组织的基本成分。

（二）支持性结缔组织

根据基质是否钙化而将支持性结缔组织分为软骨组织和骨组织，它们的基本结构和纤维性结缔组织相似，但质坚硬，起支持和保护作用。

1. 软骨 软骨由软骨组织和周围的软骨膜构成，较硬而富有弹性，具有支持和保护作用。

（1）软骨组织的结构 软骨组织由软骨细胞和细胞间质构成。

1）软骨细胞：位于软骨陷窝内，其周围有软骨囊（陷窝周围有一层硫酸软骨素较多的基质）。靠近软骨膜的软骨细胞较幼稚，体积小，单个分布；软骨中部的接近圆形，成群分布，称同源细胞群。

2）细胞间质：由纤维和基质组成，基质呈凝胶状，主要化学成分是水和软骨黏蛋白。纤维包埋于基质中，其种类和含量因软骨类型而异。

（2）软骨膜　除关节软骨外，软骨组织的表面均覆有薄层软骨膜。软骨膜由致密结缔组织构成，分内、外两层。外层胶原纤维多，主要起保护作用。内层细胞成分多，其中有些梭形细胞可转化为软骨细胞，与软骨的生长有关。

（3）软骨的分类　根据软骨基质中所含纤维种类和数量的不同，可将软骨分为透明软骨、纤维软骨和弹性软骨。

1）透明软骨：基质内含有一些互相交织的胶原纤维，新鲜时呈半透明状。分布于关节软骨、肋软骨、气管等处。

2）纤维软骨：基质很少，其中含有大量平行或交叉排列的胶原纤维束，细胞成行排列分布于纤维束之间。主要分布于椎间盘、关节盘及耻骨联合等处（图1-19A）。

3）弹性软骨：构造与透明软骨相似，间质内为大量的弹性纤维，互相交织成网，新鲜时呈黄色。主要分布于耳廓、会厌等处（图1-19B）。

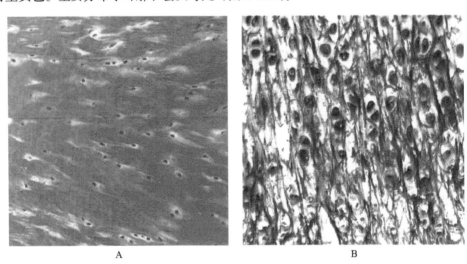

图1-19　纤维软骨（A）和弹性软骨（B）

2. 骨

（1）骨基质　为钙化的细胞间质。有机成分包括大量胶原纤维和少量无定形基质，含骨钙蛋白和骨磷蛋白。无机成分称骨盐，主要为羟磷灰石结晶，呈细针状，沿胶原原纤维排列并与之结合。骨基质存在的基本方式为骨板。相邻骨板的纤维相互垂直，有效地增强了骨的支持力。

（2）骨组织细胞　见表1-1。

（三）营养性结缔组织

1. 血液　血液是流动在心血管内的红色黏稠状液体，由血浆和血细胞组成。当血液流出血管时，血浆中的纤维蛋白原转变成不溶解状态的纤维蛋白，并网络血细胞形

表 1-1 骨组织细胞

骨原细胞 →	成骨细胞 →	骨细胞	破骨细胞
位于骨膜近骨处的干细胞。细胞小，梭形，核椭圆形，胞质呈弱嗜碱性	分布在骨组织表面，胞体矮柱状或椭圆形，有细小突起，核圆形，胞质呈嗜碱性；粗面内质网、高尔基复合体多，合成和分泌骨基质的有机成分，称类骨质	单个分布于骨板内或骨板间。为有许多细长突起的扁椭圆形小细胞，胞体位于骨陷窝，突起位于骨小管	分布于骨组织表面，是一种由多个单核细胞融合而成的多核细胞

成血块，在其周围析出淡黄色透明状的液体，称血清。大多数哺乳动物全身血量占体重的 $7\%\sim8\%$，血浆约占血液容积的 55%，有形成分约占 45%。血液有形成分的组成如图 1-20 所示。

观察血细胞常用瑞氏（Wright）染色和吉姆萨（Giemsa）染色方法。瑞氏染液中对亚甲蓝有亲和性的称嗜碱性，呈蓝色；对伊红有亲和性的称嗜酸性，呈鲜红色。对酸性和碱性染料都没有亲和性的称中性，呈极浅的淡红色或淡紫色。

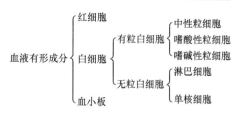

图 1-20 血液有形成分的组成

血浆功能：免疫功能、体液调节、血管扩张调节、参与血凝、体温调节、渗透压调节。

（1）红细胞（RBC） 大多数哺乳动物成熟的红细胞呈双面凹的圆盘状，无核，无细胞器，胞质内充满血红蛋白（Hb）。骆驼和鹿的红细胞为无核的椭圆形，无核、无细胞器，禽类、鱼类和爬行类的红细胞有核和细胞器，禽类呈椭圆形，鱼类、爬行类为近似圆球形。红细胞具有一定的弹性和可塑性。血中除了大量成熟的红细胞外，还有少量未完全成熟的红细胞，称网织红细胞，其细胞内有残留的核糖体。

红细胞中的血红蛋白有结合与运输 O_2 和 CO_2 的功能。血红蛋白与 CO 的亲和力特别强，当空气中的 CO 含量超过一定量时，则易发生 CO 中毒。

（2）白细胞（WBC） 一般多比红细胞大，种类较多，数量较红细胞少，具有防御和免疫功能。光镜下，根据胞质内有无特殊颗粒，分有粒白细胞和无粒白细胞两类。

1）有粒白细胞：共同特征为分化程度高，无分化成其他细胞的能力；胞质呈嗜酸性，内含有特殊颗粒；胞核形状不规则，多呈分叶状。

中性粒细胞：是白细胞中数量较多的一种，约 50%，胞体呈球形，核形态多样，有杆状、分叶状，分叶常为 $2\sim5$ 叶，叶间由细丝相连，杆状核细胞幼稚，分叶越多，表明细胞越衰老。胞质染成粉红色，内有许多染成淡紫红色的细小颗粒。中性粒细胞对细菌代谢产物等具趋化性。当细菌感染时，大量新生的中性粒细胞首先增多进入血液，是杀灭细菌的主要防御者，此时会出现中性粒细胞核形态的变化。核左移：中性粒细胞的核多为杆状和两叶核，表明是炎症的前期。核右移：中性粒细胞的核多为 $4\sim5$ 叶，表明是骨髓的造血功能发生障碍。功能：趋化性、变形运动、吞噬和杀菌作用。

嗜酸性粒细胞：占 $3\%\sim5\%$，直径 $d=8\sim20\mu m$，呈球形，核常为 2 叶，胞质内充满粗大均匀的嗜酸性颗粒，染成橘红色。颗粒内含有酸性磷酸酶、组胺酶、过氧化物酶、芳基硫酸酯酶、阳离子蛋白等，因此是一种溶酶体。功能：有趋化性，能做变形运动，可抗寄生虫感染。

嗜碱性粒细胞：数量最少，少于 1%，呈球形，$d=10\sim15\mu m$，胞核分叶或呈 "S"

形，胞质内含有大小不等、分布不均的嗜碱性颗粒，染色后呈蓝紫色，常将核覆盖。功能：具有抗凝血作用和参与过敏反应。

2）无粒白细胞：共同特征为分化程度低，可分化成其他细胞；核不分叶；胞质呈嗜碱性，内无特殊颗粒。

单核细胞：数量较少，占 1%～3%，体积最大，$d=10\sim20\mu m$，胞体球形，核有椭圆形、肾形、马蹄形或不规则形；常偏位，核内染色质稀疏，色淡，胞质较多，呈弱嗜碱性，染色后呈灰蓝色。功能：具有趋化性、变形性、吞噬性，参与机体免疫。单核细胞从骨髓进入血液，穿出血管进入组织就分化成为巨噬细胞。

淋巴细胞：数量较多，占 30%～50%，呈球形，细胞圆形，核呈圆形或椭圆形，一侧常有一凹陷，核内染色质致密呈块状，色深，胞质很少，在核周围成一窄带，嗜碱性，染色后呈天蓝色。形态相似的淋巴细胞并非单一的群体，根据其表面特征、发生部位、寿命长短及免疫功能的不同，至少可分为胸腺依赖淋巴细胞（TC）、骨髓依赖淋巴细胞（BC）、杀伤淋巴细胞（KC）和自然杀伤淋巴细胞（NKC）四类。

2. 淋巴　　是流动在淋巴管内的透明液体，淋巴的成分与血浆相似，但蛋白质含量较少，其细胞成分主要是淋巴细胞。

三、肌组织的识别及观察

肌组织主要由肌细胞组成，肌细胞之间无特有的细胞间质，但有少量结缔组织及血管和神经分布。肌细胞可以进行舒张和收缩活动。肌细胞呈细长纤维状，也称肌纤维（MF），肌纤维的细胞膜称肌膜，细胞质称肌质（浆），肌质内的滑面内质网称肌质（浆）网。

骨骼肌的活动受躯体运动神经支配，而平滑肌和心肌的活动受植物性神经支配。

（一）骨骼肌

骨骼肌的基本成分是骨骼肌纤维，在每条肌纤维的周围有结缔组织包绕，称肌内膜，由数条或数十条肌纤维集合成束，外包较厚的结缔组织，称肌束膜。在整块肌肉的周围包着一层较厚的致密结缔组织，称肌外膜。

1. 骨骼肌纤维的光镜结构　　骨骼肌纤维呈长圆柱形，细胞核椭圆形，异染色质较少，核仁明显，核可多达数百个，位于肌纤维周边，紧贴肌膜内面。肌质内含有许多与细胞长轴平行排列的肌丝束，称肌原纤维。肌原纤维呈细丝状，每束肌原纤维上都呈现明暗相间的带。暗带也称 A 带，长约 $1.5\mu m$；明带也称 I 带，长约 $0.8\mu m$；在暗带的中央有一较明的窄带，称 H 带，H 带的中部有一色深的中线，称 M 线。在明带的中部有一色深的暗线，称间线或 Z 线，相邻两 Z 线之间的一段肌原纤维称肌节。一个肌节包括一个完整的 A 带和两个 1/2 I 带，它是骨骼肌纤维舒缩的基本结构单位。

2. 骨骼肌纤维的电镜结构

（1）肌原纤维　　在电镜下，肌原纤维由许多平行排列的粗肌丝和细肌丝组成。I 带内只有细肌丝，H 带只有粗肌丝，A 带既有粗肌丝，也有细肌丝。两侧细肌丝连接面形成 Z 线，粗肌丝中部增粗形成 M 线。

（2）横小管（T 小管）　　它是肌膜向肌纤维内凹陷形成的小管，其走向与肌原纤维长轴相垂直，故称横小管。

（3）肌质网　　肌质网（SR）是位于相邻两横小管之间，纵向包绕在肌原纤维周围的滑面内质网。横小管两侧的肌质网膨大汇合，称为终池，横小管连同两侧的终池合称为三联体。

3. 骨骼肌纤维的收缩机制　　目前广泛认为骨骼肌纤维的收缩机制是肌丝滑动原理。当肌纤维收缩时，粗肌丝和细肌丝的长度不变，细肌丝在粗肌丝之间向M线方向滑动。由于细肌丝滑入A带内，导致H带和I带变窄，甚至消失，A带宽度不变，Z线靠近，肌节缩短，即肌纤维收缩。收缩结果：A带长度不变，I带和H带同步缩短，使相邻两Z线靠近，肌节缩短，从而导致肌原纤维乃至肌纤维缩短。

（二）心肌

心肌主要分布于心脏，主要由心肌纤维构成。不受意识支配，是不随意肌。

1. 心肌纤维的光镜结构特点　　心肌纤维呈短柱状，有分支，长50～100μm，$d=$10～20μm，横纹不如骨骼肌明显。每个心肌纤维一般只有一个细胞核，偶见双核，较大，呈椭圆形，位于细胞中央。心肌纤维的分支相互吻合成网状，在细胞连接处，肌膜分化成特殊结构，称闰盘（图1-21）。

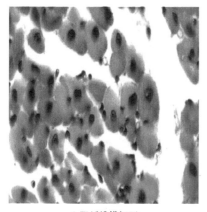

心肌纤维横切面　　　　　　　　　心肌纤维纵切面

图1-21　心肌纤维纵横切面

2. 心肌纤维的电镜结构特点

1）两端相邻接的心肌纤维的细胞膜彼此伸出许多突起，相互嵌合，形成闰盘。

2）横纹不如骨骼肌明显。

3）横小管位于Z线水平。

4）肌质网稀疏，贮钙能力较低，肌质网与横小管多形成二联体。

（三）平滑肌

平滑肌（SM）主要由平滑肌纤维构成，不受意识支配，是不随意肌。

1. 平滑肌纤维的光镜结构　　平滑肌纤维呈细长梭形，长约100μm，直径约10μm，每个细胞有一个核，呈椭圆形，位于细胞中央。相邻肌纤维的粗部与细部相嵌合，使其排列紧密。平滑而无横纹结构。

2. 平滑肌纤维的电镜结构　　平滑肌纤维内有三种肌丝：粗肌丝、细肌丝和中间丝（$d=10nm$）（图1-22）。

图 1-22　平滑肌纵切面超微结构（透射电镜，
×19 700）（李德雪和尹昕，1995）

N. 细胞核；Mf. 肌丝；CJ. 细胞连接；C. 小凹；
DA. 密区；DB. 密体

四、神经组织的识别及观察

神经组织是构成神经系统的主要部分，由神经细胞和神经胶质细胞组成。神经细胞也称神经元，是神经组织的结构和功能单位，具有感受刺激、整合信息和传导冲动的功能。神经胶质细胞是神经组织中的辅助成分，相当于神经组织中的细胞间质，数量多，无传导功能，对神经元有支持、保护、绝缘、营养等作用。

（一）神经元

神经元是一种有突起的细胞，其形态多种多样，但结构都由胞体和突起两部分构成。突起分树突和轴突两种，每个神经元有 1 至多个树突，而轴突只有 1 条。

1. 神经元的结构　神经元的形态、大小差异很大，但都由胞体和突起两部分构成。

（1）细胞体　形态多样，可呈圆形、椎体形、梭形或星形等。神经元的胞体和其他细胞一样，也由细胞膜、细胞核和细胞质构成。

1）细胞膜：为单位膜，能够接受刺激，产生及传导神经冲动。

2）细胞质：位于细胞核周围的细胞质称核周质。细胞质内含有尼氏体和神经原纤维等特征性结构。

尼氏体（嗜染质）：是光镜下所见的胞质内呈颗粒状或斑块状的嗜碱性物质（图 1-23），电镜下可见其是由许多平行排列的粗面内质网和分布于其间的游离核糖体组成。尼氏体只分布在核周质及树突内，不分布在轴突或其起始部轴丘内，光镜下以此区别树突、轴突。

神经原纤维：光镜下观察银染切片，见核周质内相互交织成网的棕褐色的细丝，并深入到突起内。

3）细胞核：只有一个，大而圆，位于胞体中央，常染色质多，着色浅，核仁大而明显。

（2）突起

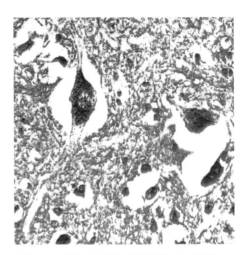

图 1-23　神经元胞体光镜结构（细胞体中紫黑色颗粒示尼氏体）

1）树突：形如树枝状。树突的功能是接受信息刺激，并将冲动传向胞体。

2）轴突：除个别神经元外，其余所有神经元都有一个轴突。自胞体发出部位呈圆锥状，称轴丘。轴丘和延续的轴突内无尼氏体，有神经原纤维，借此在光镜下区别树突与轴突。

轴突运输：在生理条件下，蛋白质、神经递质及酶等不断在胞体内合成并顺向运输到轴突，与此同时，衰老的细胞器和代谢产物不断在轴突内分解为多泡体并逆向运输到胞体，这是方向不同、速度不一的轴浆流动方式。

2. 神经元的分类

（1）按突起数目分类

1）多极神经元：一个轴突和多个树突。

2）双极神经元：有两个突起，一个是轴突，另一个是树突。

3）假单极神经元：从胞体发出一个突起，在距胞体不远处分为两支，一支进入中枢（中枢突，轴突），另一支伸向周围器官（周围突，树突）。

（2）根据神经元的功能分类

1）感觉神经元：多为假单极和双极神经元。

2）运动神经元：为多极神经元。

3）联络神经元：为多极神经元。

（3）根据神经元释放的神经递质分类　　分为胆碱能神经元、胺能神经元及氨基酸能神经元等。

（二）突触

突触是神经元与神经元之间，或神经元与效应细胞（肌细胞、腺细胞）之间的一种特化的细胞连接，是神经元信息传递的重要结构。根据突触传递信息的方式不同，可分为化学性突触和电突触两大类。

1. 化学性突触　　神经元轴突末端以释放神经递质为媒介传导神经冲动的突触为化学性突触。其结构分为三部分：突触前膜、突触间隙、突触后膜。

2. 电突触　　是两个神经元之间通过缝隙连接直接传递电信息，存在于低等动物。

（三）神经胶质细胞

神经胶质细胞简称神经胶质。神经胶质细胞与神经元比较有以下几个特点：①数量多而胞体小，突起不分树突和轴突；②胞质内无尼氏体和神经原纤维；③不与其他细胞构成突触；④无传导冲动的作用；⑤终生保持分裂能力。功能：支持、营养、隔离、保护。HE染色只能显示细胞核，可用银染或免疫细胞化学方法显示形态。

1. 中枢神经系统内的神经胶质细胞　　主要有4种类型。

（1）星形胶质细胞　　是胶质细胞中体积最大、数量最多的一种。胞体呈星形，发出许多突起，有些突起末端膨大形成脚板，附于毛细血管壁上或附着在脑和脊髓表面形成胶质界膜。星形胶质细胞可分为两种：纤维性星形胶质细胞，多分布在白质，细胞的突起细长，分支少；原浆性星形胶质细胞，多分布在灰质，细胞的突起短粗，分支多。

（2）少突胶质细胞　　胞体较少，呈梨形或椭圆形，参与中枢神经系统神经纤维髓鞘的形成，还有抑制再生神经元突起生长的作用。

（3）小胶质细胞　　胞体最小，呈长梭形或不规则形，突起细长有分支。小胶质细胞的数量少，具有吞噬能力。

（4）室管膜细胞　　是分布在脑室及脊髓中央管腔面的单层立方或柱状上皮，细胞游离缘有微纤毛，有些具有纤毛。细胞基底面有细长的突起伸向脑和脊髓的深层。室管膜细胞参与脑脊髓的形成，对脑和脊髓具有支持和保护作用。

2. 周围神经系统内的神经胶质细胞

（1）神经膜细胞　　又叫施万细胞，形成髓鞘，是周围神经系统的髓鞘形成细胞，并对神经再生有重要作用。

（2）被囊细胞　　又叫卫星细胞，是神经节内神经元胞体周围的一层扁平细胞，对神经元有营养和保护作用。

（四）神经纤维

神经纤维是由神经元的长突起和包绕在外面的神经胶质细胞构成。在中枢神经系统内，神经纤维由轴突外包少突胶质细胞构成，周围神经系统轴突外包神经膜细胞。主要机能是传导冲动。根据有无髓鞘，分为有髓神经纤维和无髓神经纤维。

（五）周围神经系统的组织结构

1. 神经　　周围神经系统中走行一致的神经纤维集合在一起，与结缔组织、毛细血管、毛细淋巴管共同构成神经。神经内膜：每条神经纤维周围的结缔组织称神经内膜。若干条神经纤维集合成束，包绕在神经束周围的结缔组织称神经束膜。许多粗细不等的神经束聚集成一根神经，其外周的结缔组织称神经外膜。

2. 神经节　　是周围神经系统中神经元胞体集中的部位，外包有致密的结缔组织被膜。其可分为脑脊神经节、植物性神经节。

3. 神经末梢　　周围神经纤维的终末部分（轴突）终止于其他组织形成特殊的结构，称神经末梢。按其功能可分为感觉神经末梢和运动神经末梢。

（六）中枢神经系统的组织结构

在中枢神经系统，神经元胞体集中的部分为灰质，不含胞体只有神经纤维的部分为白质，大脑和小脑的灰质位于脑的表层，又叫皮质，皮质下是白质。脊髓的灰质位于中央，周围是白质。

【复习思考题】

1. 简述细胞的主要结构与功能。
2. 被覆上皮的分类、结构及分布如何？
3. 疏松结缔组织的组成成分有哪些？各有什么功能？
4. 简述软骨组织的结构和分类。
5. 血液的有形成分有哪些？其形态和功能如何？
6. 试比较骨骼肌、平滑肌和心肌的形态和结构特点。
7. 神经元的结构和分类如何？

（赵惠媛）

运动系统器官观察识别

家畜的运动系统由骨、骨连结和肌肉三部分组成。骨骼构成畜体的坚固支架，以维持体形，保护脏器，支持体重，是运动的杠杆。肌肉是运动的动力，骨连结（关节）是运动的枢纽。骨和骨连结是运动的被动部分，肌肉则是主动部分。

任务一　全身骨骼的识别

【学习目标】

1．掌握骨骼的基本结构。
2．熟悉全身骨骼的划分，掌握全身骨骼的名称。
3．掌握关节的构造及四肢各关节的构成。

【常用术语】

脊柱、鼻旁窦、骨盆、胸廓。

【技能目标】

1．能识别全身骨骼的名称；能识别四肢关节的名称。
2．具有在动物活体上识别动物主要的骨骼及四肢关节等标志的技能。

【基本知识】

每一块骨都是一个器官，有一定的形态和机能，主要由骨组织构成，坚硬而有弹性，能不断地进行新陈代谢和生长发育，并且具有改建、修复和再生的能力。骨骼除起到杠杆和保护的作用外，骨基质内还含有大量的钙盐和磷酸盐，参与体内的钙、磷代谢平衡。骨髓还有造血的功能。

一、骨

（一）骨的类型

全身的骨骼根据位置和机能的不同，一般可分为长骨、扁骨、短骨和不规则骨4种。

1．长骨　　长骨呈长管状，两端膨大称为骨端，中部较细称为骨干。骨干内具骨髓腔。长骨多分布于四肢游离部，主要作用是支持体重和形成运动杠杆。

2．短骨　　短骨略呈立方形，大部分位于承受压力较大而运动又复杂的部位，多成群分布于四肢的长骨之间，有支持、分散压力和缓冲震动的作用，如腕骨和跗骨。

3．扁骨　　扁骨呈宽扁板状，分布于头部、胸壁和四肢的带部，常围成腔，支持和保护重要器官，如颅骨、肋骨、肩胛骨等。

4．不规则骨　　形状不规则，功能多样，如椎骨等。不规则骨一般构成畜体中轴，

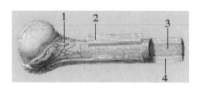

图2-1　骨的结构（王会香，2008）
1. 血管；2. 骨膜；3. 骨松质；4. 骨密质

有支持、保护和供肌肉附着的作用。

（二）骨的构造

骨由骨膜、骨质、骨髓和血管、神经等构成（图2-1）。

1. 骨膜　　被覆在骨表面的一层致密结缔组织膜，淡粉红色，分为深浅两层。浅层为纤维层，富有血管和神经，具有营养、保护的作用。深层为成骨层，富有细胞成分，参与骨的生成和修复。

💾 **知识链接**　在骨的手术中应尽量保留骨膜，以免发生骨坏死和延迟骨愈合。

2. 骨质　　骨质是构成骨的主要组成部分，分为骨密质和骨松质两种。骨密质位于骨的表面，构成长骨的骨干和骨骺，质地坚硬，抗压、抗扭曲力强。骨松质位于骨的内部，由许多骨小板和骨针交织呈现海绵状，这些骨针和骨小板的排列方式与该骨所承受的压力和拉力的方向是一致的。骨密质和骨松质的这种配合，既加强了骨的坚固性，又减轻了骨的质量。

3. 骨髓　　存在于骨髓腔及骨松质的间隙内，分为红骨髓和黄骨髓两种。胎儿和幼年动物全部都是红骨髓，是重要的造血器官。随着年龄的增长，骨髓腔内的红骨髓逐渐被黄骨髓所代替。黄骨髓主要是脂肪组织，有贮存营养的作用。

💾 **知识链接**　骨松质中的红骨髓终生存在，临床上常进行骨髓穿刺，检查骨髓，以诊断疾病。

4. 血管　　骨具有丰富的血液供应。骨膜动脉分布于骨外膜上，并有无数的分支分布于骨质中。较大动脉从骨的滋养孔进入，经骨髓腔分布于骨髓。

5. 神经　　神经与血管并行分布于骨上，在骨膜中有特殊的感觉神经末梢。骨膜、骨质和骨髓均分布有丰富的神经。

（三）骨的化学成分和物理特性

骨是体内最坚硬的组织，并具有弹性，能承受压力和张力。骨的这种性质，不仅取决于骨的形态和结构，也与骨的化学成分有密切的关系。骨是由有机质和无机盐两种化学成分组成的。有机质主要为骨胶原，占骨重的1/3，决定骨的弹性和韧性。无机盐的主要成分为磷酸钙、碳酸钙、氟化钙等，占骨的2/3，决定骨的坚固性和硬度。有机质和无机盐的比例随年龄和营养状况的不同，有很大变化。幼畜的骨有机质相对较多，较柔韧。老龄家畜的骨无机质相对较多，骨质硬而脆，易骨折。

💾 **知识链接**　妊娠和泌乳母畜骨内的钙质可被胎儿吸收或随乳汁排出，使母畜骨质疏松而发生软骨症，故应注意饲料内合理添加钙质。

（四）骨的生长

骨和其他器官一样，在不断地生长和代谢。幼龄家畜的骨能逐渐增长和增粗，尤其是四肢的长骨特别明显。骨的生长主要在于骨骺（骨端）与骨干相连接的地方有一层软骨，称骺软骨。骺软骨不断增生、不断骨化，骨就不断地增长。当骨干和骨骺连成一体时骨就不再增长。在骨增长的同时，骨膜内层的成骨细胞不断形成骨质，使骨的横径变粗。

二、骨连结

骨与骨之间借助纤维结缔组织、软骨或骨组织相连，形成骨连结。根据骨连结的方式及其运动不同分为两类：直接连结和间接连结。

（一）直接连结

两骨相对面或相对缘之间借结缔组织直接相连，其间无腔隙，基本不能活动或仅有小范围内的活动，以保护和支持功能为主。根据骨连结间组织的不同，可分为纤维连结和软骨连结。纤维连结如头骨缝间的缝韧带连结，桡骨和尺骨之间的韧带连合，这种连结大部分是暂时性的，随着年龄的增长而骨化，转变为骨性结合。软骨连结即相对两骨之间借软骨相连，有轻微活动，如长骨的干与骨骺之间的骨骺软骨、椎体之间的椎间盘等。

（二）间接连结

间接连结又称关节，是骨连结中较普遍的一种连结方式。骨与骨不直接连结，其间有滑膜包围的腔隙，能进行灵活的运动，因而又称滑膜连结，简称关节。

1. 关节的构造 关节由关节面、关节软骨、关节囊、关节腔4部分组成（图2-2）。

（1）关节面 是骨与骨彼此相接触的光滑面，骨质致密、光滑，彼此吻合。其中一个呈球形，称关节头；另一个略凹，称关节窝。

（2）关节软骨 在关节面上覆的一层透明软骨，光滑而富有弹性和韧性，有减少摩擦和缓冲震动的作用。

（3）关节囊 是包围在关节周围的结缔组织囊。附着于关节面的周缘及附近的骨上，囊壁分内、外两层：外层是纤维层，由致密结缔组织构成，具有保护作用；内层为滑膜层，薄而柔润，能分泌透明黏稠的滑液，有营养软骨和滑润关节的作用。

（4）关节腔 为滑膜和关节软骨共同围成的密闭腔隙，内有滑液。

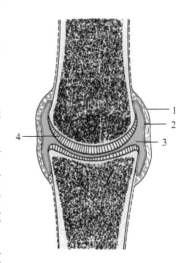

图 2-2 关节构造模式图
1. 关节囊纤维层；2. 关节囊滑膜层；3. 关节腔；4. 关节软骨

（5）关节的血管和神经 神经和血管主要来自附近血管的分支，在关节周围形成网状分支到关节囊。

2. 关节的辅助结构

（1）韧带 存在于大多数关节，由致密结缔组织构成。由于韧带具有不可伸缩性，因而韧带的存在限制关节的活动，韧带的位置决定关节的活动。

（2）关节盘 是垫于两类节面之间的纤维软骨板，如股胫关节的半月板，其周缘附着于关节囊，把关节腔分为上下两半，使关节更加吻合一致。

（3）关节唇 为附着于关节周围的纤维软骨环，可加深关节窝、扩大关节面并有防止边缘破裂的作用。

3. 关节的运动 关节在肌肉的作用下，可做滑动，屈、伸运动，内收、外展运动，旋转运动。

4. 关节的类型 按构成关节的骨的数目，分为单关节、复关节。根据关节运动轴的数目，可分为单轴关节、双轴关节和多轴关节。单轴关节，只能沿横轴在矢状面上做伸屈运动。双轴关节能在横轴和纵轴上作屈伸左右摆动，如寰枕关节。多轴关节是由半球形的关节头和相应的关节窝构成的关节，如肩关节、髋关节，可做屈伸、内收、外展和小范围的旋转运动。通常，关节的韧带也限制关节的运动，单轴关节具有发达的侧副韧带，多轴关节则无侧副韧带。

三、畜体全身骨骼的识别

家畜全身骨骼，按其所在部位分为头部骨骼、躯干骨骼、前肢骨骼和后肢骨骼 4 部分（图 2-3）。

（一）头骨及其连结

1. 头骨　位于身体的最前端，由枕骨与寰椎相连，主要由扁骨和不规则骨构成，多为成对骨。头骨分为颅骨和面骨（图 2-4～图 2-6）。

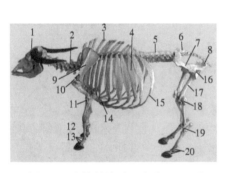

图 2-3　牛的骨骼（王会香，2008）

1. 颅骨；2. 颈椎；3. 胸椎；4. 肋骨；5. 腰椎；6. 荐椎；
7. 髋骨；8. 坐骨；9. 肩胛骨；10. 肩关节；11. 肘关节；
12. 腕关节；13. 指关节；14. 胸骨；15. 肋软骨；16. 髋关节；17. 股骨；18. 膝关节；19. 跗关节；20. 趾关节

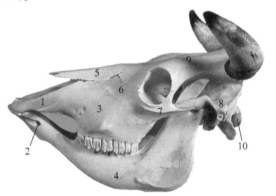

图 2-4　牛头骨侧面观（Dyce et al., 2010）

1. 切齿骨；2. 颜孔；3. 上颌骨；4. 下颌骨；5. 鼻骨；
6. 泪骨；7. 颧骨；8. 颞骨；9. 额骨；10. 枕骨

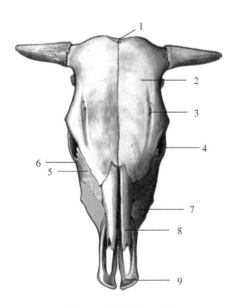

图 2-5　牛头骨顶面观

1. 顶骨；2. 额骨；3. 眶上孔；4. 眼窝；5. 泪骨；
6. 颧骨；7. 上颌骨；8. 鼻骨；9. 切齿骨

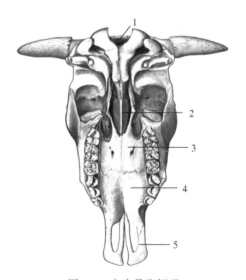

图 2-6　牛头骨腹侧观

1. 枕骨大孔；2. 犁骨；3. 翼骨；
4. 上颌骨腭突；5. 切齿骨腭突

（1）颅骨 构成颅腔的骨，容纳和保护脑组织。包括位于正中线上的单骨：枕骨、顶间骨、蝶骨和筛骨；位于正中线两侧的对骨：顶骨、额骨和颞骨。

1）枕骨：单骨，位于颅腔的后部，构成颅腔的后壁和底壁。枕骨后下方有枕骨大孔通椎管，孔的两侧有枕髁，与寰椎成关节。枕髁的外侧有颈突。基部向前伸延，和蝶骨相接形成颅腔的底壁。项面粗糙有明显的枕外隆起供项韧节和肌肉附着。

2）顶骨：对骨，枕骨之前，额骨之后，除牛外构成颅腔的顶壁。

3）顶间骨：单骨，很小，位于左右枕骨和顶骨之间，常与枕、顶骨愈合，在颅腔内面有枕内隆凸，即枕内结节。

4）额骨：对骨，位于顶骨的前面，鼻骨和筛骨的后面，构成颅腔的顶壁，向外伸出颧突，构成眼眶的上界，伸出角突。颧突的基部有眶上孔。

5）颞骨：对骨，位于枕骨的前方，顶骨的下方，构成颅腔的侧壁。分为鳞部、岩部、鼓部。鳞部与额骨、顶骨和蝶骨相接，向外伸出颞骨的颧突，参与形成颧弓。在颧突的腹侧有关节结节与下颌骨成关节。岩部位于鳞部与枕骨之间，岩部腹侧有连接舌骨的基突。鼓部位于岩部的腹外侧，外侧有骨性外耳道，向内通鼓室（中耳），鼓室在腹侧形成突向腹外侧的鼓泡。

6）蝶骨：单骨，位于颅腔的底壁，形像蝴蝶（眶翼和颞翼），分为蝶骨体、两对翼（眶翼和颞翼）、一对翼突。前方与筛骨、腭骨、翼骨和犁骨相连，侧面与颞骨相接，后部与枕骨基部相接，在眶翼的基部有视神经孔，下后方有眶孔，下方为圆孔，是血管、神经的通路。

7）筛骨：单骨，位于颅腔的前壁，包括筛板、垂直板、一对筛骨侧块。筛板，脑面形成筛骨窝，容纳嗅球；垂直板，形成鼻中隔的后部；筛骨侧块（迷路），由许多薄骨片卷曲形成，支持嗅黏膜。

（2）面骨 形成口腔和鼻腔的支架，参与围成眼眶。包括位于正中线两侧的成对骨鼻骨、上颌骨、泪骨、颧骨、切齿骨、腭骨、翼骨、鼻甲骨和单骨下颌骨。位于正中线上的单骨有犁骨和舌骨。

1）鼻骨：对骨，构成鼻腔的顶壁，外接泪骨，后接额骨。

2）上颌骨：对骨，位于面骨两侧，构成鼻腔的侧壁、底壁和口腔的上壁，外侧面上有孔叫眶下孔。水平的板状腭突隔开口腔和鼻腔。腹缘有臼齿槽。内外骨板形成发达的上颌窦。

3）泪骨：对骨，漏斗状的泪窝，为骨性泪骨的入口。

4）颧骨：对骨，泪骨的下方，构成眼眶的下壁，向后伸出颞突，与颞骨的颧突结合形成颧弓。

5）切齿骨：位于上颌骨的前方（颌前骨）。除反刍兽外，骨体上均有切齿槽，骨体向后伸出腭突和鼻突。

6）腭骨：位于上颌骨腭突的后方，分水平部和垂直部，构成鼻后孔的侧壁和硬腭的骨质基础。

7）翼骨：是狭窄而薄的小骨板，附于蝶骨翼突的内侧，参与围成鼻后孔。

8）犁骨：单骨，蝶骨体前方，沿鼻腔底壁中线向前伸延，构成鼻中隔，将鼻后孔分为对称的两半。

9）鼻甲骨：位于鼻腔内，是两对卷曲的薄骨片，附着于鼻腔的两侧壁上，上面一对称为上鼻甲骨，下面一对称为下鼻甲骨。鼻甲骨可支持鼻黏膜，并将每侧鼻腔分为上、中、下三个鼻道（图2-7）。

10）下颌骨：单骨，是头骨中最大的骨。分左、右两半，每半分下颌骨体、下颌骨支。下颌骨体略呈水平位，前部为切齿部，有切齿槽，后部为臼齿部，有臼齿槽。外侧面前部近切齿部有颏孔。下颌骨支上端的后方有下颌髁，与颞骨的髁状关节面成关节。下颌髁之前有较高的冠状突，供肌肉附着。两侧骨体和下颌骨支之间形成下颌间隙（图2-8）。

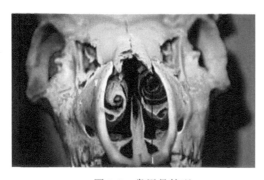

图2-7 鼻甲骨外观
1. 鼻甲骨

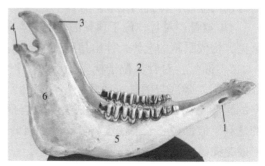

图2-8 下颌骨外侧观
1. 颏孔；2. 颊齿；3. 冠突；4. 髁突；
5. 下颌骨体；6. 下颌骨支

11）舌骨：单骨，位于下颌间隙后部，由数块小骨组成，支持舌根、咽及喉。分为舌骨体（短柱状）、舌突、甲状软骨及茎舌骨。

（3）鼻旁窦 在一些头骨的内部，形成直接或间接与鼻腔相通的腔称为鼻旁窦，又称副鼻窦。窦内的黏膜和鼻腔的黏膜相延续，鼻腔严重感染时可蔓延至鼻旁窦。鼻旁窦包括上颌窦、额窦、腭窦和蝶窦等。

2. 头骨的连结 头骨之间的连结主要为纤维连结和软骨连结，只有颞下颌关节为滑膜连结。

颞下颌关节由颞骨的关节结节与下颌髁构成，两关节面间垫有椭圆形的关节盘，关节囊较厚，在关节囊外有外侧副韧带。下颌关节活动性较大，主要进行开口、闭口和侧运动。

（二）躯干骨及其连结

1. 躯干骨 躯干骨包括脊柱、肋和胸骨。

（1）脊柱 为畜体的中轴，由一系列椎骨借助软骨、关节和韧带连结而成，椎骨按照位置分为颈椎、胸椎、腰椎、荐椎和尾椎。

1）椎骨的一般构造（图2-9）：各段椎骨的形态虽有不同，但构造基本相似，均由椎体、椎弓、突起组成。椎体位于椎骨的腹侧，前面略突称椎头，后面稍凹为椎窝。椎弓位于椎体背侧，为拱形骨板，与椎体之间形成椎孔。所有椎孔连续形成椎管，内容脊髓，椎弓基部的前后缘各有一对切迹，相邻椎弓的切迹合成椎间孔，供血管和神经通过。突起有三种，从椎弓背侧向上方伸出的一对突起，称棘突。从椎弓基部向两侧伸出的一对突起，称横突。棘突和横突是肌肉和韧带的附着处，对脊柱的屈伸或旋转运动起杠杆作用。从椎弓背侧的前后缘各伸出一对突起，称关节前突和关节后突，与相邻椎骨的前、后关节突成关节。

2）脊柱各部椎骨的主要特征。

颈椎：绝大多数哺乳动物的颈椎都由 7 枚组成。第一颈椎，又叫寰椎（图 2-10），由背侧弓和腹侧弓围成。两弓的前面形成一个较深的关节窝，与枕骨髁形成寰枕关节。后面形成鞍状关节面与第二颈椎成关节。横突呈翼状，叫寰椎翼，其外侧缘可以在体表触摸到。第二颈椎，又叫枢椎（图 2-11）。椎体最长，前面形成发达的齿突，与寰椎的鞍状关节面构成寰枢关节，便于头部的旋转运动。第 3～6 颈椎（图 2-12）的形状大致相似，具有典型椎骨的一般构造。其主要特点是椎体发达、明显，前、后关节突发达，棘突不发达。横突分前、后两支，基部有横突孔，各颈椎横突孔连成横突管。第 7 颈椎是颈椎向胸椎的过渡类型，短而宽，椎窝两侧有一对后肋窝与第一肋骨成关节，棘突较明显。

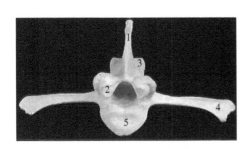

图 2-9　典型椎骨构造（前面）

1. 棘突；2. 关节前突；3. 关节后突；4. 横突；5. 椎头

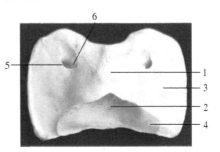

图 2-10　寰椎背侧观

1. 背侧弓；2. 腹侧弓；3. 寰椎翼；
4. 后关节面；5. 翼孔；6. 椎外侧孔

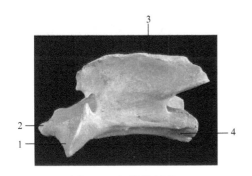

图 2-11　枢椎外侧观

1. 鞍状关节面；2. 齿突；3. 棘突；4. 横突

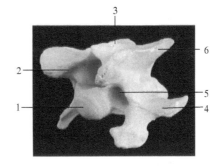

图 2-12　牛的第 4 颈椎

1. 椎头；2. 前关节突；3. 棘突；
4. 横突；5. 横突孔；6. 后关节突

胸椎：马 18 枚，牛 13 枚，猪 14～15 枚，人 12 枚。其主要特点为椎体短，棘突长，横突短。椎头与椎窝的两侧均有与肋骨头成关节的肋凹，分别称为前、后肋凹。横突上有小关节面，称为横突肋凹，与肋骨的肋结节成关节。牛的第 2～6 胸椎、马的第 3～5 胸椎棘突最高，构成鬐甲的骨质基础。关节突小。

腰椎（图 2-13）：构成腰部的基础。马、牛 6 枚，猪、羊 6～7 枚，人 5 枚。棘突较短，与后位胸椎棘突相近。横突长，呈现上下压扁的板状，扩大了腹腔顶壁的横径，承受腹腔的质量，草食家畜明显。

荐椎（图 2-14）：牛、马荐椎均为 5 枚，人 5 枚，猪、羊 4 枚。成年时荐椎合成一整

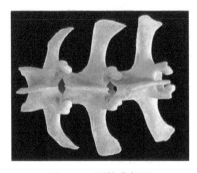

图 2-13 腰椎背侧观

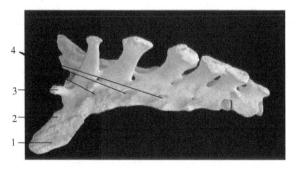

图 2-14 荐椎外侧观
1. 耳状关节面；2. 荐骨翼；3. 关节前突；4. 荐背侧孔

体，称为荐骨。荐骨前部宽并向两侧突出称为荐骨翼。翼的背外侧有粗糙的耳状关节面，与髂骨成关节。第一荐椎椎头腹侧缘较突出，称为荐骨岬，是重要的骨性标志。

尾椎：数目变化较大，牛 18～20 枚，马 14～21 枚，骆驼 15～20 枚，羊 3～24 枚，猪 20～23 枚，前几个仍具有椎弓、棘突和横突，向后逐渐退化，仅保留棒状椎体并逐渐变细。

（2）肋和胸骨

1）肋：构成胸廓侧壁，左右成对，包括肋骨，在背侧近端前方有肋骨小头与相邻胸椎的肋凹成关节。肋骨小头外方有肋结节与横突肋凹成关节，远侧端与肋软骨相连，后缘有血管和神经通过的肋沟。肋软骨：前几对直接与胸骨相连，这种肋称真肋（或胸骨肋），其余则由结缔组织顺次连接成肋弓，这种肋称假肋或弓肋。有的肋的肋软骨游离称浮肋。牛、羊肋有 13 对，其中真肋 8 对，假肋 5 对；马 18 对，真肋 8 对，假肋 10 对；猪 14～15 对，真肋 7 对，其余为假肋。

2）胸骨：位于腹侧，骨性胸廓的下壁，由 6～8 个胸骨节片和软骨组成，前部为胸骨柄，中部为胸骨体，在胸骨体处有与肋软骨成关节的肋凹，后端呈上下扁圆形，称剑状软骨。

（3）骨性胸廓　由胸椎、肋和胸骨构成胸腔，容纳和保护心脏、肺等重要器官，并且是执行呼吸运动的主要结构。前部肋较短，直接与胸骨相连，坚固性强但活动范围小，适于保护胸腔内器官，并连接前肢。后部肋长且弯曲，活动范围大，形成呼吸运动的杠杆。胸廓前口较窄，由第一胸椎、第一对肋骨和胸骨柄组成。后口较宽大，由最后胸椎、最后一对肋骨、肋弓及剑状软骨围成。

2. 躯干骨的连结

（1）脊柱的连结　包括椎体的连结、椎弓的连结和脊柱总韧带。

1）椎体的连结：是指相邻两椎骨的椎头和椎窝借纤维软骨构成椎间盘的连结，椎间盘的外围是纤维环，中央的软骨软（髓核—脊索的遗迹），既牢固又允许小范围的活动。

2）椎弓的连结：是指相邻椎骨的关节突构成的关节，有关节囊，颈部的关节突发达，关节囊宽松，活动范围较大。

3）脊柱总韧带。

棘上韧带：附着于棘突顶端，枕骨至荐骨处。颈部的发达，称项韧带，弹性组织多而呈黄色，其构造分为板状部和索状部。索状部，呈圆索状，起于枕外隆起，沿颈部上缘后行附着于第 3、4 胸椎棘突，向后延续为棘上韧带。板状部，起于第 2、3 胸椎棘突和索状部，向前下方至第 2~6 颈椎棘突，板状部由左、右两叶构成。牛、马的项韧带很发达，猪的不发达。

背纵韧带：椎底底部由枢椎至荐骨，在椎间盘处宽，附着于椎间盘上。

腹纵韧带：位于椎体和椎间盘的腹侧，并紧密附着于椎间盘上，胸椎中部至荐骨。

4）寰枕关节：双轴关节，做伸、屈、侧运动，枕髁与前关节窝成关节。

5）寰枢关节：由寰椎的鞍状关节面与枢椎纵轴的齿突构成。可沿枢椎的纵轴做旋转运动。

（2）胸廓的关节

1）肋椎关节：是肋骨与胸椎形成的关节，包括肋骨小头与前、后肋凹，肋结节和横突肋凹形成的关节。

2）肋胸关节：是由真肋的肋软骨与胸骨两侧的肋凹形成的关节。具有关节囊和韧带。

（三）前肢骨及其连结

1. 前肢骨 家畜的前肢骨包括肩胛骨、肱骨、前臂骨和前脚骨（图 2-15）。前脚骨又分为腕骨、掌骨、指骨和籽骨。

（1）肩胛骨 完整的肩带骨包括三块：肩胛骨、乌喙骨及锁骨。有蹄动物由于前肢运动的单纯化，乌喙骨和锁骨都已退化。仅保留一块肩胛骨。其为三角形，扁骨，斜位于胸前部两侧，由后上向前下方，背缘附有肩胛软骨，外侧内有一纵行隆起称肩胛冈。冈的前上方为冈上窝，后下方为冈下窝。远端粗大，有

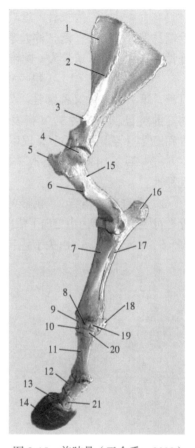

图 2-15 前肢骨（王会香，2008）
1. 肩胛骨；2. 肩胛冈；3. 肩峰；4. 肱骨头；5. 大结节；6. 三角肌粗隆；7. 桡骨；8. 中间腕骨；9. 桡腕骨；10. 第三腕骨；11. 掌骨；12. 系骨；13. 蹄骨；14. 蹄匣；15. 肱骨；16. 鹰嘴；17. 尺骨；18. 副腕骨；19. 尺腕骨；20. 第 4 腕骨；21. 冠骨

一浅关节窝，称关节盂，与肱骨头成关节。关节盂的前上方为突出的盂上结节。牛的肩胛骨在冈的前下方具一突起称肩峰。

（2）肱骨（臂骨） 长骨，斜位于胸部两侧的前下部，由前上向后下。近端的前方有臂二头肌沟，近端有肱骨头，与关节盂成关节。两侧有内、外结节，外结节称大结节。骨干呈扭曲的圆柱状。外侧有一粗隆称三角肌粗隆，内侧有一圆肌粗隆。远端有两个髁状关节面，与桡骨成关节，髁的后面有一深的窝叫鹰嘴窝，窝的两侧为内、外上髁，为肌肉的附着部位。

（3）前臂骨 由桡骨和尺骨构成，长骨，与地面相垂直，桡骨在前内侧，发达，尺骨位于外侧，尺骨的近端突出称鹰嘴，鹰嘴的前端突出称肘突。

（4）腕骨 位于前臂骨与掌骨之间，由两列短骨组成，近列腕骨有 4 块，由内向外依次为：桡腕骨、中间腕骨、尺腕骨、副腕骨。远列一般为 4 块，由内向外依次为第 1、2、3、4 腕骨。牛的腕骨，近列 4 块，远列 2 块，内侧一块较大，由第 2 和第 3 腕骨愈合而成，外侧为第 4 腕骨。猪的腕骨有 8 块，第 1 腕骨很小。

（5）掌骨　　为长骨，近端接腕骨，远端接指骨，牛有 3 块掌骨，第 3、4 掌骨发达，近端及骨干愈合在一起，称大掌骨。远端形成两个滑车关节面，分别与第 3、4 指骨和近籽骨成关节。第 5 掌骨为一圆锥形小骨，附于第 4 掌骨近端的外侧。

（6）指骨和籽骨　　每一指有 3 节指节骨，第 1 指节骨又称系骨，第 2 指节骨又称冠骨，第 3 指节骨又称蹄骨。另外，每一指还有两块近籽骨和一块远籽骨，它们是肌肉的辅助装置。牛的第 3、4 指发达，每指有 3 节指节骨，第 2、5 指仅有 2 块指节骨，冠骨和蹄骨不与掌骨成关节，仅以结缔组织连于掌骨的掌侧。

籽骨第 3、4 指每指各有 3 块籽骨、2 块近籽骨和 1 块远籽骨。第 2、5 指仅各有两块近籽骨。

2. 前肢骨的连结　　前肢的肩胛骨与躯干骨的连结仅以肩带肌连结（肌连结），其余各骨之间均形成关节。由上向下依次为肩关节、肘关节、腕关节、系关节、冠关节和蹄关节。

（1）肩关节　　由关节盂（肩臼）和肱骨头组成，关节角顶向前，关节囊宽松，没有侧副韧带。

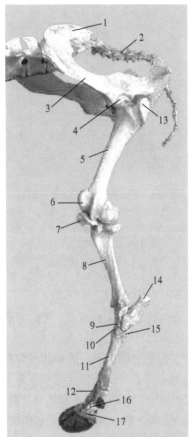

图 2-16　后肢骨（王会香，2008）

1. 荐椎；2. 尾椎；3. 髋骨；4. 股骨头；
5. 股骨；6. 股骨远端关节面；7. 膑骨；
8. 胫骨；9. 距骨；10. 中央第 4 跗骨；
11. 跖骨；12. 系骨；13. 大转子；14. 跟骨；
15. 第 1 跗骨；16. 冠骨；17. 蹄骨

（2）肘关节　　由肱骨远端和前臂骨近端的关节形成，关节角顶后、关节囊两侧有内外侧韧带，只能做屈伸运动。

（3）腕关节　　为复关节，由桡骨远端、腕骨和掌骨近端构成。关节囊的滑膜形成三个囊：桡腕、腕间和腕掌关节囊。腕关节有一对长的内外侧副韧带，还有一些短的骨间韧带，以及背面有背侧韧带。

（4）系关节　　又称球节，关节角大于 180°，约 220°，为掌骨远端、系骨近端和一对近籽骨构成的单轴关节。系关节有悬韧带和籽骨下韧带，可协助系关节支撑巨大的体重，易受损伤。

悬韧带：是由骨间中肌腱质化形成的。位于掌前的掌侧，起于大掌骨近端，大部分止于近籽骨，并有分支转向背侧，并伸入肌腱。籽骨下韧带是系骨掌侧的强厚韧带，起于近籽骨，止于系骨的远端和冠骨的近端。

（5）冠关节　　系骨的远端和冠骨的近端的关节，由于侧副韧带紧密相连，仅能做小范围的屈伸运动。

（6）蹄关节　　冠骨远端、蹄骨近端及远籽骨的关节，囊的背侧和两侧强厚，侧副韧带短而强，做屈伸运动。

（四）后肢骨及其连结

1. 后肢骨　　包括髋骨、股骨、髌骨（膝盖骨）、小腿骨和后脚骨。髋骨是髂骨、坐骨和耻骨三骨的合称。小腿骨由胫骨和腓骨组成。后脚骨包括跗骨、跖骨、趾骨和籽骨（图 2-16）。

（1）髋骨　　由髂骨、坐骨、耻骨愈合而成（图 2-17）。三骨愈合处形成深的杯状窝髋臼。与股骨头成关节。

1）髂骨：位于前上方。后部窄，略呈三边梭柱状，称髂骨体；前部宽而扁，呈三角形，称髂骨翼。外侧角粗大，称髋结节；内侧角小，称荐结节。翼的外侧称臀肌面；内侧面称骨盆面，在骨盆面上有粗糙的耳状关节面与荐骨翼的耳状关节面成关节。

2）坐骨：位于后下方，构成骨盆底壁的后部。外侧角粗大，称坐骨结节。两侧坐骨的后缘粗大，称坐骨弓。前部与耻骨围成闭孔，外侧角构成髋臼。

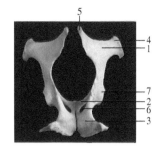

图 2-17　牛盆骨背侧观

1. 髂骨；2. 耻骨；3. 坐骨；4. 髋结节；
5. 荐结节；6. 闭孔；7. 髋臼

3）耻骨：较小，位于前下方，构成骨盆底部的前部和闭孔的前缘，外侧参与形成髋臼。

骨盆：是由左右髋骨、荐骨和前 3～4 个尾椎及两侧的荐结节韧带构成。为一前宽后窄的圆锥形腔。前口：以荐骨岬、荐骨翼、髂骨、耻骨为界；后口：由尾椎、坐骨、荐结节韧带构成。骨盆的大小和形状，因性别而异，一般来说，母畜的骨盆比公畜的大而宽，纵径、横径均较公畜大，母畜的骨盆耻骨部较凹。

（2）股骨　　长骨，由后上斜向前下，近端内侧有球形的股骨头，与髋臼成关节。近端外侧有粗大的突起，称大转子。内侧的股骨头下方有结节，称小转子。远端前部有滑车关节面，后部有两个骨髁。

（3）髌骨　　是一个大籽骨，位于股骨远端的前方，牛的近似圆锥形。

（4）小腿骨　　包括胫骨和腓骨，胫骨位于内侧，前上斜向后下，近端粗大，有内、外髁与股骨的髁成关节。髁的前方为粗糙的隆起，为胫骨粗隆。远端有滑车关节面，与胫跗骨成关节。腓骨位于外侧，牛的腓骨近端与胫骨愈合为一个向下的小突起，骨体消失，远端形成一块小的踝骨与胫骨远端外侧成关节。

（5）跗骨　　由数块短骨构成，位于小腿与跖骨之间，各种家畜数目不同，一般分为三列，近列有两块，内侧为胫跗骨，又称距骨，外侧为腓跗骨，又称跟骨，距骨有滑车关节面与胫骨远端成关节，跟骨有向后方突出的跟结节。中列有一块称中央跗骨。远列由内向外一般为第 1、2、3、4 跗骨。

牛的跗骨：共 5 块，近列为距骨和跟骨。中央跗骨和第 4 跗骨愈合为一块。第 1 跗骨很小，位于后内侧，第 2 与第 3 跗骨愈合。

（6）跖骨　　与前肢掌骨相似，但较细长。牛的第 3、4 跖骨愈合成大跖骨，第 2 跖骨为小跖骨。

（7）趾骨　　与前肢指骨相似，较细长。

（8）籽骨　　数目和排列方式与前肢籽骨相似。

2. 后肢骨的连结

（1）荐髂关节　　由荐骨翼、髂骨和耳状关节构成，关节腔狭窄，并有短的韧带加固，几乎完全不能活动。在荐骨与髂骨之间还有一些加固的韧带：荐髂背侧韧带、荐髂外韧带和荐结节阔韧带（也叫荐坐韧带）。荐结节阔韧带：构成骨盆的侧壁，背侧附着于荐骨侧缘及第 1、2 尾椎横突，腹侧附着于坐骨棘和坐骨结节，前与髂骨形成坐骨大孔，下缘与坐骨之间形成坐骨小孔，供血管、神经通过。

（2）髋关节　　由髋臼和股骨头构成。多轴关节，角顶向后，关节囊宽松，在股骨头与髋臼之间有一条短而强的圆韧带相连，可做屈伸、内收、外展、旋转运动。

（3）膝关节（膝关节）　　为复关节，包括股胫关节和股髌关节。为单轴关节。由股胫关节、股骨远端和胫骨近端构成。中间有两个半月板减轻震动。具有侧副韧带、十字韧带、半月板，还有一些短韧带。做伸屈运动。股髌关节，由髌骨和股骨远端的滑车关节面构成，关节囊宽松。具内、外侧韧带，前方还有三条强大的髌直韧带，做滑动运动，改变股四头肌力的方向，而伸展髌关节。

（4）跗关节　　又称飞节，为单轴复关节，做伸屈运动。滑膜形成4个囊，即胫跗囊、近跗囊、远跗囊和跗跖囊，跗关节有内、外侧副韧带，4个囊中仅胫跗关节可灵活运动，其余三个囊几乎无活动性。

（5）趾关节　　系、冠、蹄关节。构造同前肢指关节。

任务二　全身肌肉的识别

【学习目标】

1. 掌握肌肉的基本构造。
2. 掌握四肢、躯干主要肌肉的位置、形态。
3. 熟悉呼吸构成，掌握腹壁肌各层纤维的走向及其相互位置关系。

【常用术语】

肌腹、肌腱、腹股沟管。

【技能目标】

能识别畜体全身肌肉并说出其名称。

【基本知识】

一、概述

肌肉是运动的动力，肌肉按其功能、结构、位置可分为三种：骨骼肌、平滑肌和心肌。本节所叙述的肌肉是指骨骼肌。骨骼肌的肌纤维都有横纹，故又叫横纹肌；因其起、止点附着于骨骼上，所以叫骨骼肌；因其运动受主观意志支配，故又叫随意肌。

（一）肌器官的构造

每一块肌肉都是一个复杂的器官，构成肌器官的主要成分是骨骼肌纤维，一个骨骼肌纤维就是一个肌细胞，因其呈长纤维状，故而叫肌纤维。此外，还有结缔组织、血管、淋巴和神经。骨骼肌纤维按一定方向排列构成肌腹，在整块肌肉外表面的结缔组织形成肌外膜，肌外膜向内伸入把肌纤维分成大小不同的肌束，叫肌束膜，肌束膜向内伸入，包住每一条肌纤维，叫肌内膜。肌膜是肌肉的支持组织，使肌肉具有一定的形状，营养好的家畜肌膜内含有脂肪，在肌肉断面上，是大理石状花纹，血管、神经、淋巴管随肌膜进入肌组织。肌肉的两端一般由致密结缔组织构成肌腱，肌腱不能收缩但具有很强的韧性和抗张力，将肌肉牢固地附着于骨上。

（二）肌肉的形态和内部结构

肌肉由于其位置和功能不同而有不同，一般可分为：①板状肌，呈现薄板状，主要位于腹部和肩带部。有的呈扇形，如背阔肌；有的呈锯齿状，如锯肌；有的呈带状，如臂头肌。②多裂肌，分布于脊柱的椎骨之间，由许多短肌束组成，表现为分节的特点，如背最长肌髂肋肌。③纺锤形肌，多分布于四肢，中间膨大，由肌纤维构成，称肌腹，两端为腱质。④环行肌，分布于自然孔周围，如口轮匝肌、肛门括约肌，收缩时可关闭自然孔。

肌肉可根据肌腹内腱纤维的含量分为动力肌、静力肌、动静力肌三种。①动力肌：肌腹内无腱质肌纤维的方向与肌肉的长轴一致，收缩迅速而有力，幅度大，是推动身体的主要动力，但因耗能量大，易疲劳。②静力肌：肌腹中肌纤维很少，甚至消失，而由腱纤维所代替，因而失去收缩能力，家畜静止时起维持身体姿势的作用，耐疲劳。③动静力肌：肌腹中或多或少含有腱纤维或腱质，构造复杂，根据肌腹中腱的分布和肌纤维方向，又可分为半羽状肌（表面有一条腱束肌纤维斜向排于侧）、羽状肌（腱束伸入肌腹中间，肌纤维按一定角度排列于两侧）和复羽状肌（肌腹中存在数个腱束，肌纤维有序排列于每条腱束的两侧）。动静力肌收缩力强大，不易疲劳，但幅度较小。

（三）肌肉的起止点

肌肉一般都以两端附着于骨软骨的膜或韧带上，中间越过一个或多个关节，肌肉收缩时，肌腱变短，以关节为运动轴，牵引骨发生位移，而产生运动。当肌肉收缩时，固定不动的一端为起点。活动的一端为止点。但随运动状况发生变化，同一块肌肉的起止点也可发生改变。例如，臂头肌，当站立时，头端是止点，肌肉收缩时可举头颈，但当运动前进时，头颈伸直不动，头端复为起点可向前提举前肢。四肢的肌肉，通常近端为起点，远端为止点。

（四）肌肉的作用

肌肉的活动是在神经系统的支配下实现的，家畜的任何一个动作都是有关肌肉共同活动的结果，对一个动作来说，参加活动的数块肌肉，起主要作用的称主动肌，起次要作用的称辅助肌，作用相反的是拮抗肌。根据肌肉所产生的效果分为伸肌、屈肌，内收肌、外展肌，提肌、张肌、开肌和括约肌。

（五）肌肉的配布和关节的运动

大多数肌肉都配布在关节的周围，配布方式与关节的运动轴有关，四肢肌肉表现得更明显，关节的每一运动轴都有作用相反的两组肌肉，如单轴关节，只有屈肌和伸肌两组肌肉，屈肌组位于关节角内，伸肌组位于关节角顶，多轴关节有内侧的内收肌和外侧面的外展肌，以及旋前肌和旋后肌。

（六）肌肉的命名

肌肉一般是根据其作用、结构、形状、位置、肌纤维方向及起止点等特征而命名的。按作用命名的，如伸肌、屈肌、内收肌、咬肌等。按结构命名的，如二头肌、三头肌。按形状命名的，如三角肌、圆肌、锯肌、方肌。按位置命名的，如胸肌、胫骨前肌。按起止点命名的，如胸头肌、臂头肌。按肌纤维方向命名的，如腹外斜肌。有的是根据几个特征合起来命名的，如腕桡侧伸肌。故学习记忆肌肉时，应理解性地来记忆。

（七）肌肉的辅助器官

肌肉的辅助器官包括筋膜、黏液囊、腱鞘、滑车和籽骨。

1. **筋膜** 包在一块肌肉和肌群外在的结缔组织膜，有坚固性。①浅筋膜，位于皮下，由疏松结缔组织构成，被覆在肌肉的表面，营养好的家畜浅筋膜内有脂肪，具有保护作用，可调节体温。②深筋膜，位于浅筋膜的深层，为致密结缔组织膜，坚韧，包围在肌群的表面，并伸入肌肉之间形成肌肉间隔，深筋膜在某些部位（如前臂、小腿）形成总筋膜鞘，在关节附近形成环韧带，以固定腱的位置。

2. **黏液囊和腱鞘** ①黏液囊，是密闭的结缔组织囊，囊壁薄，内面衬以滑膜，囊内有少量滑液，多位于肌肉、腱、韧带、皮肤与骨的突起之间以减少摩擦。有些黏液囊是关节囊的突出部分，称为滑膜囊。②腱鞘，是黏液囊卷曲于腱的周围形成的，呈现筒状包在腱的周围。表面为纤维层，滑膜分内、外两层，外层为壁层，附着于纤维膜内面，内层为腱层，紧贴于腱的表面，两层滑膜在腱系膜处相连续。壁层和腱层之间有少量滑液，可减少腱活动时的摩擦。

3. **滑车和籽骨** ①滑车，被有软骨和滑车状骨沟，供腱通过，腱与滑车之间常垫有黏液囊，可减少腱与骨之间的摩擦，滑车可防止肌腱的转位。②籽骨，多位于关节部，由肌腱在骨的突出部位骨化形成，可改变肌肉作用力的方向，以及减少摩擦。

二、皮肌

皮肌是分布于浅筋膜中的薄层肌，皮肌并不覆盖全身，根据所在部位分为面皮肌、颈皮肌、肩臂皮肌及躯干皮肌。①面皮肌，薄而不完整地覆盖于下颌间隙、腮腺及咬肌的表面，并存分支伸达口角称唇肌。②颈皮肌，牛无此肌，马起自胸骨柄和颈正中缝，向颈腹侧伸延，起始部较厚向前逐渐变薄，与面皮肌相连。③肩臂皮肌，覆盖于肩臂部，肌纤维由耆甲向下延伸至肩端。④躯干皮肌（也称胸腹皮肌），是身体中最大的皮肌，覆盖于胸腹两侧的大部分。皮肌具有颤动皮肤以驱除蝇蚊，以及抖掸灰尘等作用。

三、头部肌

头部肌分为面部肌和咀嚼肌两部分。

（一）面部肌

面部肌是分布于口腔及鼻孔周围的肌肉，主要有鼻唇提肌、上唇固有提肌、鼻翼开肌、下唇降肌、口轮匝肌和颊肌。

分布于口腔及鼻孔周围的肌肉，分为开张自然孔的开肌和关闭自然孔的括约肌。

（二）咀嚼肌

咀嚼肌是使下颌运动的强大肌肉，均起于颅骨，止于下颌骨，分为闭口肌和开口肌。

1. **闭口肌** 很发达，且富有腱质，位于颞下颌关节的前方，包括咬肌、翼肌和颞肌。

2. **开口肌** 包括枕下颌肌和二腹肌。

四、躯干肌

(一)脊柱肌

脊柱肌是支配脊柱的肌肉,分为背侧肌和腹侧肌。

1. 脊柱背侧肌组

(1)背最长肌　位于胸椎、腰椎的棘突与横突和肋骨、椎骨所形成的三棱形凹面内,是体内最大的肌肉,表面覆盖着一层腱膜,由许多肌束平行排列而成。起于髂骨嵴、荐骨、腰椎和后位胸椎棘突,在第12胸椎附近分为上下两部,上部主要由前4个腰椎棘突起始的一整肌束,逐渐变大,向前在头半棘肌内方通过,止于后4个颈椎棘突,下部向前下方走,沿腹侧锯肌内侧止于肋骨与后4个颈椎横突。作用:两侧同时收缩伸背腰。一侧收缩,侧屈脊柱。

(2)髂肋肌　位于背最长肌腹外侧,狭长而分节,由一系列斜向前下方的肌束组成,起于腰椎横突末端和后位肋骨的前缘,向前止于所有肋骨的后缘。作用:向后牵引肋骨协助呼气。

(3)夹肌　位于颈部背侧,呈现三角形板状,其后部被斜方肌所盖,起于棘横筋膜和项韧带索状部,止于枕骨、颞骨及前4~5颈椎。作用:两侧同时收缩举头颈,一侧收缩偏头颈。

(4)头半棘肌　位于夹肌与项韧带板状部之间,为强大的三角形肌,有4~5条腱划,起于棘横筋膜及前8、9个胸椎横突及颈椎关节突,以强腱止于枕骨后面,作用同夹肌。

2. 脊柱腹侧肌组

(1)颈长肌　位于颈椎及前5~6个胸椎的腹侧面,由一些短的肌束构成。作用为屈颈。

(2)腰小肌　为狭长肌,位于腰椎腹侧面和椎体两旁。起于腰椎及最后三个胸椎椎体腹侧,止于髂骨中部。作用为屈腰。

(二)颈腹侧肌组

1. 胸头肌　胸头肌位于颈部外侧,构成颈静脉沟的下缘,起于胸骨柄两侧,止于颞骨。

2. 胸骨甲状舌骨肌　胸骨甲状舌骨肌位于气管腹侧,为一扁平的带状肌,起于胸骨柄,起始部向前分为两部,外侧部止于喉的甲状软骨,称胸骨甲状肌,内侧部止于舌骨体,称胸骨舌骨肌。作用:向后牵引喉舌骨,帮助吞咽。

(三)胸壁肌

1. 肋间外肌　位于肋间隙的表层,起于肋骨的后缘,肌纤维向后下方止于后一肋骨的前缘。作用:向前外方牵引肋骨,使胸廓扩大引起吸气。

2. 肋间内肌　位于肋间外肌的深面,起于肋骨前缘,肌纤维斜向前下,止于前一个肋骨的后缘。作用:向后方牵引肋骨,使胸廓变小帮助呼气。

3. 膈　为一圆形板状肌,构成胸腹腔的间隔,又称横隔膜,周围由肌纤维构成,称肉质部。中央由强韧的腱膜构成,称中心腱。膈的肉质缘分腰部、肋骨和胸骨部,腰部形成肌质的左右膈脚,附着在前4个腰椎的腹侧,伸至膈的中心。肋部附着于肋骨内面,从第8对肋骨向上沿肋骨和肋软骨的结合处,至最后肋骨内面,胸骨部附着于剑状软骨的背侧面。膈上有3个孔：主动脉孔，位于左右膈脚之间；食管裂孔，位于右膈脚肌束间接近中心腱处；腔静脉孔，位于中心腱上稍偏中线右侧（图2-18）。

膈收缩时，使突向胸腔的凸度变小，扩大胸腔的纵径引起吸气。膈舒张时，由于腹壁肌肉腹腔内压向前压迫膈，使凹度增大，胸腔纵径变小而呼气。

（四）腹壁肌

腹壁肌构成腹腔的侧壁和底壁，由4层纤维方向不同的板状骨构成（图2-19）。其表面覆盖有腹壁深筋膜，牛、马的腹壁深筋膜由弹力纤维构成，呈现黄色，又称腹黄膜。

图2-18　羊的膈肌（王会香，2008）
1. 主动脉孔；2. 膈肌脚；3. 食管裂孔；
4. 腔静脉孔；5. 膈肌肌质部；6. 膈肌腱质部

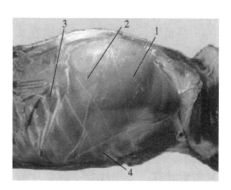

图2-19　羊腹壁肌深层肌肉（王会香，2008）
1. 腹内斜肌；2. 腹横肌；3. 肋间肌；4. 腹直肌

1. 腹外斜肌　　最外层，在腹黄膜深面，以锯齿起于第5至最后肋骨的外面，起始部为肉质，肌纤维向后下方，在肋弓下变为腱膜止于腹白线，腹外斜肌腱在髋结节至耻骨前缘处加厚，形成腹腔沟韧带。

2. 腹内斜肌　　腹外斜肌深面，起于髋结节，牛的还起于腰椎横突，呈现扇形，向前下方扩展，逐渐变为腱膜，止于腹白线，牛的还止于最后肋骨，其腱膜与腹外斜肌腱膜交织在一起形成腹直肌外鞘。在腹内斜肌与腹股沟韧带之间有一裂隙，为腹股沟腹环。

3. 腹直肌　　呈现宽带状，位于腹白线两侧、腹下壁的腹直肌鞘内，起于胸骨两侧和肋软骨，肌纤维纵行最后以强厚的耻前腱止于耻骨前缘，腹直肌上有5～6条（牛）或9～11条（马）腱划。

4. 腹横肌　　是腹壁肌的最内层，较薄，起于腰椎横突和肋弓下端的内面，肌纤维垂直向下以腱止于腹白线。其腱膜构成腹直肌的内鞘。

5. 腹股沟管　　位于腹股沟部，是斜行穿过腹外斜肌和腹内斜肌之间的楔形缝隙。有内外两个口，外口通皮下，称腹股沟管皮下环。内口通腹腔，称腹股沟管腹环，是胎儿时期睾丸从腹腔下降到阴囊的通道。腹股沟管长约10cm。

五、前肢肌

（一）肩带肌

肩带肌是躯干与前肢连接的肌肉，大多为板状肌，一般起于躯干，止于前肢的肩胛骨和肱骨。分为背侧组和腹侧组：背侧组，起于头骨和脊柱，从背侧连接前肢。腹侧组，起于颈椎、肋骨和胸骨，从腹侧连接前肢（图2-20，图2-21）。

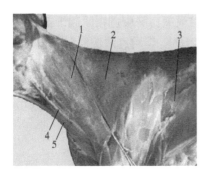 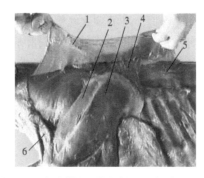

图 2-20 牛肩带肌（浅层）（王会香，2008）
1. 臂头肌；2. 斜方肌；3. 背阔肌；
4. 胸头肌；5. 颈静脉

图 2-21 牛肩带肌（深层）（王会香，2008）
1. 斜方肌；2. 冈上肌；3. 冈下肌；
4. 菱形肌；5. 胸腰最长肌；6. 肩胛横突肌

1. 背侧组

（1）斜方肌　三角形的扁肌，位于肩颈上斗部的浅层，分为颈斜方肌和胸斜方肌。颈斜方肌，起于项韧带索状部，肌纤维向后下方。胸斜方肌，起于前10个胸椎棘突。肌纤维向前下方。两部分均止于肩胛冈。作用：提举、摆动和固定肩胛骨。

（2）菱形肌　在斜方肌和肩胛软骨的内面，也分颈、胸两部，起点同颈、胸斜方肌，止于肩胛骨内面。作用：向上提举肩胛骨。

（3）背阔肌　位于胸侧壁的上半部，为扇形的大板状肌。肌纤维由后上斜向前下，马起于腰背筋膜，牛的还起于第9～11肋骨及肋间外肌和腹外斜肌的筋膜，主要止于大圆肌腱。作用：①向后下方牵引肱骨，屈肩关节；②当前肢着地时可牵引躯干向前；③牛的胸部还可协助吸气。

（4）臂头肌　为带状肌，位于颈侧部的浅层，由头伸延到臂，形成颈静脉沟的上界。牛的臂头肌前部宽、后部窄，起于枕骨、颞骨和下颌骨，止于肱骨嵴，马的全长宽度一样。起于枕骨、颞骨、寰椎翼和第2～4颈椎横突，止于肱骨外侧的三角肌结节和肱骨嵴。作用：①牵引前肢向前，伸肩关节；②提举和侧偏头颈。

（5）肩胛横突肌　马无此肌，为薄带状肌，位于颈侧部，前部紧贴于肌的深面，后部在颈斜方肌和臂头肌之间，起于寰椎翼，止于肩峰部的筋膜。作用：可牵引前肢向前，侧偏头颈。

2. 腹侧组

（1）胸肌　位于胸底壁和臂部之间，分为胸浅肌和胸深肌。

1）胸浅肌：分为前部的胸降肌（胸浅前肌）和后部的胸横肌（胸浅后肌）两部分，分界不明显。胸降肌，起自胸骨柄，止于肱骨嵴。胸横肌，薄而宽，起自胸骨嵴（腹侧），止于臂骨内侧筋膜。作用：内收前肢。

2）胸深肌：分为前部狭小的锁骨下肌（胸前深肌）和后部发达的胸升肌（胸深后肌）。胸升肌前厚而窄，后薄而宽，起自胸骨腹侧面、腹黄膜、剑状软骨，止于肱骨的内侧结节。

（2）腹侧锯肌　为一宽大的扁形肌，下缘是锯齿状，位于颈胸部的外侧面，分为颈、胸两部分，颈腹侧锯肌全为肉质，胸腹侧锯肌较薄，表面和内部混有厚而强的腱层。牛的颈腹侧锯肌发达，起于后5～6个颈椎横突和前4～9肋骨的外面，止于锯肌面和肩胛软骨的内面。马的颈腹侧锯肌起于后 4 个颈椎横突，胸腹侧锯肌起于前 8～9 个肋骨外面，均止于肩胛骨内面的锯肌面和肩胛软骨的内面。作用：两侧同时收缩，可提举躯干，颈下锯肌收缩可举颈，胸下锯肌收缩可协助吸气。

（二）肩部肌

肩部肌分布于肩胛骨的外侧面及内侧面，起于肩胛骨，止于肱骨，跨越肩关节，可伸屈肩关节。分为外侧组、内侧组。

1. 外侧组

（1）冈上肌　　位于冈上窝内，一部分被三角肌覆盖，起于冈上窝和肩胛软骨，止腱分两支，分别止于肱骨内、外侧结节。作用：伸肩关节，固定肩关节。

（2）冈下肌　　位于冈下窝，起于冈下窝和肩胛软骨，止于肱骨外侧结节。作用：外展及固定肩关节。

（3）三角肌　　位于冈下肌的浅层，起于肩胛冈和肩胛骨的后角，止于肱骨外面的三角肌结节。作用：屈肩关节。

2. 内侧组

（1）肩胛下肌　　位于肩胛骨的内侧面，起于肩胛下窝，止于肱骨的内侧结节。作用：内收和固定肩关节。

（2）大圆肌　　位于肩胛下肌后方，呈带状，起于肩胛骨后角，止于肱骨内面。作用：屈肩关节。

（三）臂部肌

臂部肌分布于肱骨的周围，起于肩胛骨和肱骨，跨越肘关节，止于前臂骨，主要对肘关节起作用。分为伸、屈两组肌。伸肌组位于肘关节后，屈肌组位于肘关节前。

1. 伸肌组

（1）臂三头肌　　位于肩胛骨后缘与肱骨形成的夹角内，是前肢最大的一块肌肉，分三个头，长头大，起于肩胛骨的后缘，外侧头起于肱骨外侧面，内侧头小，起于肱骨的内面。三个头共同止于尺骨的鹰嘴突。作用：伸肘关节。

（2）前臂筋膜张肌　　位于臂三头肌的后缘和内面，起自肩胛骨的后角，以一扁腱止于尺骨鹰嘴突内侧面。作用：伸肘关节。

2. 屈肌组

（1）臂二头肌　　位于肱骨的前面，为多腱质的纺锤形肌，经强腱起于肩胛结节，通过臂二头肌沟，止于桡骨结节。作用：主要是屈肘关节，也有伸肩关节的作用。

（2）臂肌　　位于肱骨的臂肌沟内，起自肱骨后面的上部，止于桡骨近端内侧缘。作用：屈肘关节。

（四）前臂及前脚部肌肉

前臂及前脚部肌肉作用于腕关节和指关节，肌腹大部分布于前臂的背外侧面和掌侧面，大部分为多腱质的纺锤形肌。起于肱骨远端和前臂骨近端，在腕关节附近移行为腱，一般都包有腱鞘。作用于腕关节的止腱较短，止于腕骨及掌骨，作用于指关节的肌肉则以长腱跨越腕关节和指关节，止于指骨。分为背外侧肌组和掌侧肌组（图 2-22，图 2-23）。

1. 背外侧肌组

（1）腕桡侧伸肌　　位于桡骨的背侧面，起于肱骨远端外侧，肌腹于前臂下部延续

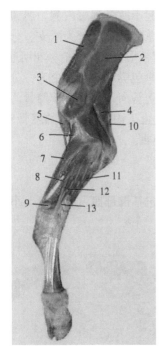

图 2-22 牛前肢外侧肌肉（王会香，2008）
1. 冈上肌；2. 冈下肌；3. 三角肌；4. 臂三头肌；
5. 臂二头肌；6. 臂肌；7. 腕桡侧伸肌；8. 指内侧伸肌；
9. 腕斜伸肌；10. 前臂筋膜张肌；11. 腕尺侧伸肌；
12. 指总伸肌；13. 指外侧伸肌

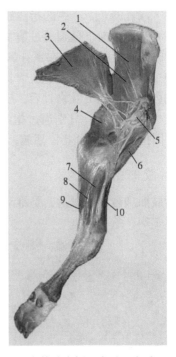

图 2-23 牛前肢内侧肌肉（王会香，2008）
1. 肩胛下肌；2. 大圆肌；3. 背阔肌；4. 臂三头肌；
5. 臂神经丛；6. 臂二头肌；7. 腕桡侧屈肌；
8. 指浅屈肌；9. 腕尺侧屈肌；10. 腕桡侧伸肌

为一扁腱，经腕关节背侧向下止于第三掌骨近端的掌骨结节。作用：主要为伸腕关节。

（2）指总伸肌　　位于腕桡侧伸肌后方，起于肱骨远端的前面，桡骨和尺骨的外侧面，在前臂下半部转为两条腱，细而短的腱于掌骨近端并入指外侧伸肌，大而粗的主腱经腕关节掌骨和指骨的背侧下方，止于蹄骨的伸肌突。作用：伸指、伸腕、屈肘。

（3）指外侧伸肌　　指总伸肌的后方。起于肘关节外侧侧副韧带和桡骨、尺骨的外侧，以腱止于近指骨近端，牛的止于第四指的冠骨。作用：伸腕、伸指关节。

（4）腕斜伸肌　　是三角形的厚小肌，起于桡骨背侧面的外侧缘，在指伸肌的覆盖下，斜过腕桡侧伸肌腱斜向内侧止于第2掌骨。作用：可伸和旋外腕关节。

（5）指内侧伸肌（又称第三指固有肌）　　位于腕桡侧伸肌和指总伸肌之间，起于肱骨远端外面和尺骨外面，同指总伸肌，其肌腹与腱紧贴于指总伸肌及其腱的内侧缘，止于第3指的冠骨近端背侧。作用：伸展第3指。

2. 掌侧肌组

（1）腕外侧屈肌　　位于臂外侧的后部，指外侧伸肌的后方，起于肱骨远端外侧后部，有两止腱，前腱较细，止于第3掌骨，后腱止于副腕骨。作用：屈腕、伸肘。

（2）腕尺侧屈肌　　位于臂内侧后部，起于肱骨远端内侧后部和肘突的内侧面，以强腱止于副腕骨。作用：屈腕、伸肘。

（3）腕桡侧屈肌　　位于腕尺侧屈肌的前方，起于肱骨远端内侧。马止于第2掌骨近端内侧。作用：屈腕、伸肘。

（4）指浅屈肌　　牛的指浅屈肌被腕屈肌包围。起于肱骨远端内侧。肌腹分成深二部，各有一腱，向下分别通过腕掌侧韧带，又合成一总腱并立即分为两支，分别止于内外侧指的冠骨后面。每支在系骨掌侧与来自悬韧带的腱板形成腱环供指深屈肌通过。

（5）指深屈肌　　位于前臂骨的后面，被其他屈肌包围。共有三个头，分别起于肱骨远端内面、鹰嘴突及桡骨后，三个头合成一腱。经腕管向下伸，止于蹄骨。牛的在系关节上方分为两支，分别通过指浅屈肌腱形成腱环，止于内、外侧指的蹄骨掌侧后缘。作用：同指浅屈指，屈指、屈腕，维持指关节，支持体重。

六、后肢的主要肌肉

后肢肌肉较前肢发达，是推动身体的主要动力，包括髋部肌、股部肌、小腿和后脚肌（图 2-24，图 2-25）。

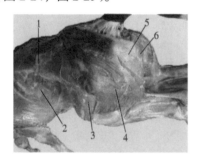

图 2-24　牛臀股部浅层肌（王会香，2008）

1. 阔筋膜张肌；2. 腹外斜肌；3. 股四头肌；
4. 臀股二头肌；5. 半腱肌；6. 半膜肌

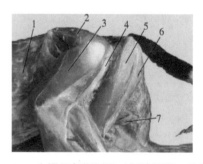

图 2-25　牛臀股部深层肌（切除臀股二头肌）
（王会香，2008）

1. 腹外斜肌；2. 臀中肌；3. 股四头肌；
4. 坐骨神经；5. 半腱肌；6. 半膜肌；7. 睾丸

（一）髋部肌

1. 臀中肌　　大面厚，是臀部的主要肌肉，决定臀部的轮部，起于髂骨翼和荐节阔韧带前部，还起于腰背最长肌的腱膜，止于股骨的大转子。作用：伸髋，旋外后肢，参与跳跃和推进躯干。

2. 臀深肌　　被臀中肌覆盖，起于坐骨棘，止于大转子。作用：外展髋关节和旋外后肢。

3. 髂腰肌　　位于髂骨内侧面，由髂肌和腰大肌组成，髂肌起于髂骨翼的腹侧面，腰大肌起于腰椎横突的腹侧面，二者均止于股骨的内面（小转子）。作用：屈髋关节，旋外后肢。

（二）股部肌

分布于股骨的周围，根据部位可分为股后肌群、股前肌群和股内侧肌群。

1. 股后肌群

（1）股二头肌　　位于股后外侧，长而宽大，有两个头：椎骨头，起于荐骨，牛还起于荐结节阔韧带；坐骨头，起于坐骨结节。两个头合并后下行逐渐变宽，在股后部分为前后两部分（牛），以腱膜止于髌骨、胫骨嵴和跟结节。作用：伸髋，也伸膝、跗关节，推动躯干，起伸展后肢的作用，在提举后肢时可屈膝关节。

（2）半腱肌　　较大，长形，位于股二头肌的后方，上端转向内侧。牛起于坐骨结节腹侧面，以腱止于胫骨嵴和跟结节。马起于两头：椎骨头起于荐结节阔韧带和前两个尾椎，坐骨头起于坐骨结节。作用：同股二头肌。

（3）半膜肌 位于股后内侧，牛起于坐骨结节，马有两个头，椎骨头起于荐结节阔韧带后缘，形成臀部的后缘；坐骨头起于坐骨结节腹侧面，止于股骨远端内侧，牛还止于胫骨近端内侧。作用：伸髋，内收后肢。

2. 股前肌群

（1）股阔筋膜张肌 位于股前外侧浅层，起于髋结节，起始部肉质较厚，向下以扁形扩展延续为阔筋膜。作用：紧张阔筋膜，屈髋伸膝关节。以筋膜止于膝盖骨和胫骨近端。作用：屈髋伸膝，紧张阔筋膜。

（2）股四头肌 大而厚，富有肉质，位于股骨前及两侧，被阔筋膜张肌覆盖。有4个头，即直头、内侧头、外侧头、中头，直头起于髂骨体，其余三个头分别起于股骨内侧、外侧和前面。共同止于膝盖骨（髌骨）。作用：伸膝关节。

3. 股内侧肌群

（1）缝匠肌 为长带状肌，位于股部内侧皮下，由髂骨前缘至膝关节内侧，其深部有股神经和股脉管通过，比较重要。

（2）股薄肌 薄而宽，位于股内侧皮下，起于骨盆联合及耻前腱，以腱膜止于膝关节及胫骨近端内面。作用：内收后肢。

（3）内收肌 位于腹薄肌深层，起于坐骨和耻骨的腹侧，止于股骨的后面和远端内侧面。作用：内收后肢，也可伸髋关节。

（三）小腿和后脚肌

小腿和后脚肌的肌腹都位于小腿骨的周围，在跗关节处均变为腱，可分为背外侧肌群和跖侧肌群，由于跗关节角顶向后，故背外侧肌群有屈跗、伸趾的作用，跖侧趾群有伸跗、屈趾的作用。

1. 背外侧肌群

（1）第三腓骨肌 牛为发达的纺锤形肌，位于小腿背侧的浅层，与趾长伸肌和趾内侧伸肌以短腱起于股骨远端外侧，至小腿远端为一扁腱，经跗关节背侧止于跗骨近端及跖骨。作用：屈跗关节。

（2）趾内侧伸肌 牛有，又名第三趾固有伸肌，位于第3腓骨肌深面，以及趾长伸肌的前面，起于股骨远端外侧，止于第3趾的冠骨。作用：伸第3趾。

（3）趾长伸肌 牛位于趾内侧伸肌的后方，肌腹上部被第3腓骨肌所覆盖，起于股骨远端，在小腿远端成为一细长腱，走于跖背侧，在跖骨远端分为两大支，分别止于第3、4趾蹄骨的伸腱突。马位于小腿背侧浅层，覆盖第3腓骨和胫骨前肌，以强腱起于股骨远端前部。作用：伸趾、屈跗。

（4）趾外侧伸肌 又称第4趾固有伸肌，位于小腿外侧，起于小腿外端外侧，肌腹圆，于小腿远端延续为一长腱，经跗关节及跖骨背侧止于第4趾冠骨。作用：伸第4趾。

（5）腓骨长肌 牛有，在小腿外侧部，趾长伸肌和趾外侧伸肌之间，肌腹短而细，起于小腿近端外侧，其腱自后下方伸延至跗关节外侧面，穿过趾外侧伸肌腱止于第1跗骨和跖骨近端。作用：屈跗关节。

（6）胫骨前肌 位于第3腓骨肌内侧，紧贴胫骨，起于小腿骨近端外侧，止腱分两支，分别止于跖骨前和第2、3跗骨。作用：屈跗关节。

2. 跖侧肌群

（1）腓肠肌　　位于小腿后面、股二头肌和半腱肌之间，有内外两个头，分别起于股骨髁间窝的两侧，肌腹于小腿中部会合成一强腱，与趾浅屈肌腱紧紧扭在一起，形成跟腱，止于跟结节。作用：伸跗关节。

（2）趾浅屈肌　　位于腓肠肌两个头之间，起于股骨的髁上窝，肌腹较小，其腱在小腿中部由腓肠肌的前方经内侧转到后方，在跟结节处变宽，以帽状固着于跟结节近端两侧，以强腱越过跟结节向下至趾部止于系骨和冠骨。作用：伸跗、屈趾，止端类似于前肢指浅屈肌。

（3）趾深屈肌　　发达，位于胫骨后面，有三个头，均起于胫骨后面和外侧的上部，较大的外侧浅头（胫骨后肌）及较小的外侧深头（趾长屈肌）的腱会合成主腱经跟结节内侧，向下沿趾浅屈肌腱深面下行，止端类似于前肢指深屈肌。内侧头（拇长屈肌）的细腱经跗关节内侧下行在跖骨上部并入主腱。作用：屈趾、伸跗。

【复习思考题】

1. 简述骨的构造及全身骨骼划分。
2. 椎骨由哪几部分构成？各部椎骨有何形态特征？
3. 简述胸廓和骨盆的构成。
4. 关节的构造有哪些？前后肢有哪些关节？
5. 胸壁肌有几层？分别有何作用？
6. 腹壁肌有几层？各层肌纤维的方向及相互位置关系如何？
7. 试述前后肢肌肉的名称、位置和作用。

（潘素敏）

被皮系统器官观察识别

任务一 皮肤的结构观察

被皮系统由皮肤和皮肤的衍生物构成。皮肤衍生物是由皮肤衍化来的特殊器官，包括毛、蹄、角、皮肤腺等。

【学习目标】

1. 了解被皮系统的组成。
2. 掌握皮肤的构造。

【常用术语】

生发层、乳头层、网状层。

【技能目标】

能够进行皮肤组织构造的显微镜观察。

【基本知识】

皮肤（图 3-1）覆盖于家畜体表，直接与外界接触，在自然孔处与黏膜相连，有保护体内组织、防止异物侵害和机械性损伤的作用。皮肤中含有多种感受器、丰富的血管、毛和皮肤腺等结构，因此又具有感觉、调节体温、分泌、排泄废物和储存营养物质等功能。

皮肤的厚薄因畜种、年龄、性别及身体的不同部位而异。牛的皮肤最厚，绵羊的皮肤最薄；老年家畜的皮肤比幼年家畜的厚；公畜的皮肤比母畜的厚；畜体枕部、背部和四肢外侧的皮肤比腹部和四肢内侧的厚。尽管皮肤的厚薄不同，但均由表皮、真皮和皮下组织三层构成。

一、表皮

表皮（图 3-2）为皮肤的外层，由角化的复层扁平上皮构成。表皮内有丰富的神经末梢，但无血管和淋巴，表皮所需要的营养物质从真皮获取。表皮的厚薄也因部位而异，凡长期受摩擦和压力的部位，表皮较厚，角化程度也较显著。表皮由外向内分为角质层、颗粒层和生发层，在乳头、鼻镜等无毛的部位，角质层与颗粒层之间还有透明层。

（一）角质层

为表皮的浅层，由大量角化的扁平细胞组成，细胞内充满角蛋白。浅层细胞死亡后脱落形成皮屑，可清除皮肤上的污物和寄生虫。

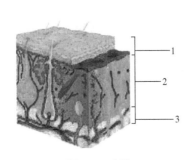

图 3-1　皮肤
1. 表皮；2. 真皮；3. 皮下组织

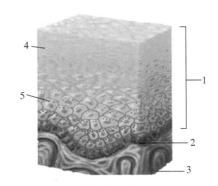

图 3-2　表皮
1. 表皮；2. 黑色素；3. 血管；4. 透明层；5. 颗粒层

（二）颗粒层

为表皮的中层，由 1～5 层梭形细胞组成，胞质内含有许多透明胶质颗粒，颗粒的数量向表层逐渐增加。

（三）生发层

为表皮的深层，由一层低柱状（基层）和数层多边形细胞（棘层）组成。该层细胞具有很强的增殖能力，能不断分裂产生新的细胞，以补充表层角化脱落的细胞。

二、真皮

真皮为皮肤的中层，是皮肤中最厚的一层，由致密结缔组织构成，含有大量的胶原纤维和弹性纤维，坚韧而富有弹性。日常生活中使用的皮革就是用真皮鞣制而成的。真皮内有毛、竖毛肌、皮肤腺、丰富的血管和神经等结构。真皮由乳头层和网状层组成，两层互相移行，无明显的分界。

（一）乳头层

为真皮的浅层，较薄，由纤细的胶原纤维和弹性纤维交织而成，结缔组织向表皮伸入，形成很多乳头状突起，称真皮乳头。乳头层富有血管、淋巴管和感觉神经末梢，起营养表皮和感受外界刺激的作用。

（二）网状层

为真皮的深层，较厚，由粗大的胶原纤维束和丰富的弹性纤维交织而成，坚韧而有弹性。该层含有较大的血管、淋巴管和神经，并有毛、竖毛肌、汗腺和皮脂腺等结构。临床上将药液注入真皮内称皮内注射。

三、皮下组织

皮下组织为皮肤的深层，由疏松结缔组织构成，又称浅筋膜，皮肤借皮下组织与深部的肌肉或骨膜相连。在骨突起部位的皮肤，皮下组织有时出现腔隙，形成黏液囊，内含少量黏液，可减少骨与该部皮肤的摩擦。由于皮下组织结构疏松，皮肤具有一定的活动性，并能形成皱褶，如颈部的皮肤。皮下组织中常含有脂肪组织，具有保温、储存能量和缓冲机械压力的作用。猪的皮下脂肪组织特别发达，形成一层很厚的脂膜。

任务二 皮肤衍生物的结构观察

【学习目标】

1. 掌握毛、蹄的形态构造。
2. 掌握乳腺的构造。

【常用术语】

换毛、蹄白线、乳镜。

【技能目标】

能够进行皮肤衍生物的识别。

【基本知识】

一、毛

毛由表皮衍生而成，坚韧而有弹性，覆盖于皮肤的表面，有保温作用。

（一）毛的结构

毛呈细丝状，分为毛干和毛根两部分。露在皮肤外面的部分称毛干，埋在皮肤内的部分称毛根。毛根末端膨大呈球形，称毛球。毛球的细胞分裂能力很强，是毛的生长点。毛球底部凹陷，有真皮结缔组织伸入，称毛乳头，富含血管和神经。毛通过毛乳头获得营养。毛根周围包有毛囊，由表皮和真皮组成，分别形成上皮鞘和结缔组织鞘。在毛囊的一侧有一条平滑肌束，称竖毛肌，受交感神经支配，收缩时能使毛竖立（图3-3）。

（二）毛的类型和分布

畜体不同部位毛的类型、粗细和作用不尽相同。毛有被毛和特殊毛两类。着生在家畜体表的普通毛称被毛，是温度的不良导体，有保温作用。被毛因粗细不同，分为粗毛和细毛。牛、猪、马的被毛多为短而直的粗毛，绵羊的被毛多为细毛。牛、马的被毛是单根均匀分布的，绵羊的是成簇分布的，猪的常三根集合在一起成组分布；短而粗的被毛多分布在家畜的头部和四肢。特殊毛是指着生在畜体特定部位的一些长粗毛，如马颅顶的鬣、颈部的鬃、尾部的尾毛和系关节后部的距毛，公羊颏部的髯，猪颈背部的鬃，马和牛唇部的触毛等。触毛根部具有丰富的神经末梢，能感受触觉。

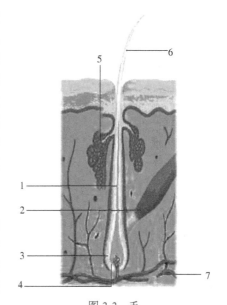

图3-3 毛

1. 毛根；2. 竖毛肌；3. 毛囊；4. 毛球；
5. 皮脂腺；6. 毛干；7. 血管

毛在畜体表面按一定的方向排列，称毛流。在畜体的不同部位，毛流排列的形式也不相同；毛流的形式主要有点状集合性毛流、点状分散性毛流、旋毛、线状集合性毛流和线状分散性毛流。毛流的方向一般与外界的气流和雨水在体表流动的方向相适应，但在特定的部位可形成特殊方向的毛流。

（三）换毛

毛有一定的寿命，生长到一定的时期就会衰老脱落，为新毛所代替，这个过程称换毛。换毛分为季节性换毛和经常性换毛。季节性换毛发生在春秋两季，全身的粗毛多以此方式脱换。经常性换毛不受季节的限制，随时脱换一些长毛。换毛是由于毛长到一定时期，毛乳头的血管萎缩，血液停止供应，毛球的细胞停止增生，并逐渐角化和萎缩，最后与毛乳头分离，毛根逐渐脱离毛囊向皮肤表面移动，同时仅靠毛乳头的细胞增殖形成新毛。最后旧毛被新毛推出而脱落。

二、角

角是由皮肤衍生而成的鞘状结构，套在反刍动物额骨两侧的角突上，为动物的防卫武器。

（一）角的形态

角的形态一般与额骨角突的形态相一致，通常呈锥形，略带弯曲，且因畜种、品种、年龄和性别而异。此外，角的形态还与角的生长情况有关，如果角质生长不均衡，就会形成不同弯曲度乃至螺旋形角。角分为角基、角体和角尖。角基与额部皮肤相连续，角质薄而软。角体为角的中部，由角基生长延续而来，角质逐渐增厚。角尖由角体延续而来，角质最厚，甚至成为实体。在角的表面有环形隆起，称角轮，牛的角轮仅见于角根部，羊的角轮较明显，几乎遍及全角。

（二）角的结构

角由角表皮和角真皮构成。角表皮高度角质化，由角质小管和管间角质构成。牛的角质小管排列非常紧密，管间角质很少。羊角则相反。角真皮位于角表皮的深层，与额部皮肤真皮相延续，无皮下组织，直接与角突的骨膜紧密结合，表面有发达的乳头。真皮乳头伸入表皮的角质小管中。

（三）角的神经和断角术

分布于角的神经为角神经，为眼神经颧颞支的分支。在现代集约化畜牧生产实践中，常常用外科手术的方法除去反刍动物头部的角。采用的方法有二：在成年动物，阻滞麻醉角神经后锯掉角及角突，角神经麻醉部位在颞线腹侧；在小牛，通过外科手术除去角原基及其附近的皮肤，以阻止骨质角突和角的发育。

三、蹄

蹄是指（趾）端着地的部分，由皮肤衍生而成。马、驴、骡为单蹄动物，每指（趾）端只有一蹄。牛、羊为偶蹄动物，每肢的指（趾）端有 4 个蹄，其中第 3、4 指（趾）端的蹄发达，直接与地面接触，称主蹄；第 2、5 指（趾）端的蹄很小，不着地，附着于系关节掌（跖）侧面，称悬蹄（图 3-4）。

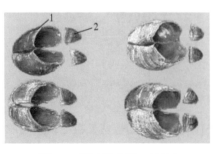

图 3-4　蹄（王会香，2008）

1. 主蹄表皮（蹄匣）；2. 悬蹄表皮

（一）主蹄

主蹄的形状与远指（趾）节骨相似，呈三面棱锥形，按部位分为蹄缘、蹄冠、蹄壁、蹄底和蹄球5部分。蹄与皮肤相连的部分称蹄缘；蹄缘与蹄壁之间为蹄冠；位于远指（趾）节骨轴面和远轴面的部分称蹄壁；位于远指（趾）节骨底面前部的称蹄底；位于蹄骨底面后部的称蹄球。蹄由蹄匣（表皮）、肉蹄（真皮）和皮下组织构成。

1. 蹄匣 为蹄的表皮（角质层），质地坚硬，分为蹄缘表皮、蹄冠表皮、蹄壁表皮、蹄底表皮和蹄球（枕）表皮5部分。

（1）蹄缘表皮 是蹄表皮近端与皮肤连接的部分，呈半环形窄带，柔软而有弹性，可减轻蹄匣对皮肤的压迫。

（2）蹄冠表皮 为蹄缘表皮下方颜色略淡的环状带，其内面凹陷成沟，称蹄冠沟，沟底有无数角质小管的开口，肉冠真皮乳头伸入其中。

（3）蹄壁表皮 为蹄匣的轴面和远轴面。轴面即指（趾）间面，凹，仅后部与对侧蹄接触。远轴面凸，与地面夹角为30°，呈弧形弯向轴面。远轴面可分为三部分，前方为蹄尖壁，后方为蹄踵壁，两者之间为蹄侧壁。蹄壁表皮下缘与地面接触的部分称底缘。蹄壁表皮由外层、中层和内层三层组成。外层为釉层，由角化的扁平细胞组成，有保持角质壁内水分的作用。中层为冠状层，是最厚、最坚固的一层，富有弹性，有保护蹄内组织和负重的作用。冠状层由许多纵行排列的角质小管和管间角质组成，角质中常有色素，故蹄壁呈深暗色。内层为小叶层，由许多纵行排列的角质小叶组成。角质小叶较柔软，无色素，与肉小叶互相紧密嵌合，使蹄匣与肉蹄牢固结合在一起。

（4）蹄底表皮 为蹄匣底面的前部，与地面接触，表面微凹，呈三角形，与蹄壁表皮底缘之间以浅色的白带为界。蹄白线由角质小叶向蹄底延伸形成，是装蹄铁时下钉的部位。蹄底表皮的背面凸，有许多角质小管的开口，容纳肉底上的真皮乳头。

（5）蹄球表皮 即枕表皮，为蹄匣底面的后部，呈球状隆起，由较柔软的角质构成，常成层裂开，其裂缝可成为蹄病感染的途径。

2. 肉蹄 肉蹄为蹄的真皮层，富含血管和神经，颜色鲜红。肉蹄套于蹄匣内，形状与蹄匣相似，分为肉缘、肉冠、肉壁、肉底和肉球5部分。

（1）肉缘 位于蹄缘表皮的深面，上方连接皮肤真皮，下方连接肉冠，表面有细而短的真皮乳头，伸入蹄缘表皮的小孔中，以滋养蹄缘表皮。

（2）肉冠 位于蹄冠沟中，是肉蹄较厚的部分，呈环状隆起，表面密生较长的乳头，伸入蹄冠沟内的角质小管中。

（3）肉壁 位于蹄壁表皮的深面，紧贴在蹄骨的轴面和远轴面上；表面有许多纵行的肉小叶，相当于真皮的乳头，嵌入蹄壁表皮的角质小叶中。

（4）肉底 位于蹄底表皮的深面，形状与蹄底表皮相似，表面有小而密的乳头，伸入蹄底表皮背面的小孔中。

（5）肉球 位于蹄球表皮的深面，形状与蹄球表皮相似，与肉底之间无明显的界限，表面有细而长的乳头。

3. 蹄的皮下组织 蹄缘和蹄冠部的皮下组织薄；蹄壁和蹄底无皮下组织，肉壁和肉底直接与远指（趾）节骨骨膜紧密结合；蹄球的皮下组织发达，弹性纤维丰富，构成指（趾）端的弹性结构。

（二）悬蹄

悬蹄呈短圆锥状，位于主蹄的后上方，附着于系关节掌（跖）侧面，不与地面接触。其结构与主蹄的相似，也由蹄匣、肉蹄和皮下组织构成。蹄匣为锥状的角质小囊，蹄壁表皮也有角质轮，角质较软，内表面也有角小叶。肉冠明显。

马、驴、骡为单蹄动物，每一肢端有一个蹄。蹄也由表皮、真皮和皮下组织构成。但马蹄的皮下组织内有蹄软骨。蹄软骨为蹄皮下组织的变形，呈长椭圆形，内、外侧各一块，位于蹄冠与蹄叉真皮两侧的后上方，借韧带与指（趾）节骨和远籽骨相连。蹄软骨富有弹性，参与形成指（趾）端的弹性结构，具缓冲作用。猪为偶蹄动物，每肢有两个主蹄和两个副蹄。猪主蹄的结构与牛的相似，但蹄枕更发达，蹄底显得更小。副蹄内有完整的指（趾）节骨。食肉动物的爪是哺乳动物指（趾）端器官最早的形式，呈微弯的锥形，套在爪骨的外面；也分为爪缘（爪褶、爪廓）、爪冠、爪壁、爪底和爪枕 5 部分，其结构与其他家畜的相似。爪缘为爪基部的半环行褶，相当于人的指甲廓，作用为被覆爪基部及产生柔软的角质。

四、指（趾）枕

枕是家畜肢端由皮肤衍生而成的一种减震装置。其结构与皮肤相同，分为枕表皮、枕真皮和枕皮下组织。枕表皮角化，柔软而有弹性；枕真皮有发达的乳头和丰富的血管、神经；枕皮下组织发达，由胶原纤维、弹性纤维和脂肪组织构成。枕可分为腕（跗）枕、掌（跖）枕和指（趾）枕，分别位于腕（跗）部内侧面、掌（跖）部后面和指（趾）部底面。掌行动物的腕（跗）枕、掌（跖）枕和指（趾）枕均很发达，蹄行动物仅指（趾）枕发达，其他枕退化或消失。马的腕（跗）枕退化，为黑色椭圆形角化物，俗称附蝉；腕枕位于腕关节上方内侧面，跗枕位于跗关节下方跖骨内侧面。马的掌（跖）枕也退化成一堆角化物，俗称距，分别位于近指（趾）节骨的掌侧面，为距毛所遮盖。马的指（趾）枕呈楔形，后部宽而厚，称枕隆突，与蹄冠后端共同构成蹄球（蹄枕）；前端尖，呈叉状，伸向蹄底的中央，称蹄叉。反刍兽和猪无腕（跗）枕、掌（跖）枕，只有指（趾）枕，位于蹄底面的后部，又称蹄枕（蹄球），无蹄叉。

五、皮肤腺

皮肤腺包括汗腺、皮脂腺和乳腺。

（一）汗腺

汗腺位于皮肤的真皮和皮下组织内，为盘曲的单管状腺，多数开口于毛囊，少数直接开口于皮肤表面的汗孔。汗腺分泌汗液，有排泄废物和调节体温的作用。牛的汗腺以面部和颈部最为显著，水牛的汗腺不如黄牛的发达。

（二）皮脂腺

皮脂腺位于真皮内，在毛囊与竖毛肌之间，为分支泡状腺，在有毛的皮肤，直接开口于毛囊，在无毛的皮肤，直接开口于皮肤表面。皮脂腺分泌皮脂，有滋润皮肤和被毛的作用，使皮肤和被毛保持柔韧。家畜的皮脂腺分布广泛，除角、蹄、爪、乳头及鼻唇镜等处皮肤无皮脂腺外，全身其他部位均有分布。皮脂腺的发达程度还因畜种和身体的不同部位而异，绵羊的皮脂腺发达。特殊的皮肤腺是汗腺和皮脂腺的变型腺体。由汗腺衍生的腺体，如外耳道皮肤的耵聍腺分泌耵聍（耳蜡），牛的鼻唇镜腺和羊的鼻镜腺分泌水状液体。由皮脂腺衍生的腺体，如肛门腺、包皮腺、阴唇腺和睑板腺等。

（三）乳腺

乳腺是哺乳动物特有的皮肤腺，为复管泡状腺，在功能和发生上属于汗腺的特殊变形，公母畜均有乳腺，但只有母畜的乳腺能充分发育，具有分泌乳汁的能力，并形成发达的乳房。

1. 乳房的位置和形态 牛的乳房位于耻骨部，并延伸至骨盆的腹侧、两股之间。牛的乳房通常呈半圆形，但也有其他形态的乳房，如扁平型乳房、山羊型乳房、发育不均衡型乳房等。乳房分为紧贴腹壁的基部、中间的体部和游离的乳头部。乳房被纵行的乳房间沟分为左右两半，每半又被浅的横沟分为前后两部，共分为4个乳丘。每个乳丘上有一个乳头，乳头呈圆柱形或圆锥形，前列乳头较长。有时在乳房的后部有一对小的副乳头。每个乳头上有一个乳头管的开口。

2. 乳房的结构 乳房由皮肤、筋膜和实质组成。乳房的皮肤薄而柔软，除乳头外，均生有一些稀疏的细毛。皮肤内有汗腺和皮脂腺。乳房后部与阴门之间有线状毛流的皮肤纵褶，称乳镜，可作为评估奶牛产乳能力的一个指标。皮肤深层为筋膜，分为浅筋膜和深筋膜。浅筋膜为腹壁浅筋膜的延续，由疏松结缔组织构成，使乳房皮肤具有活动性。乳头皮下无浅筋膜。深筋膜富含弹性纤维，包在整个乳房的内外表面，形成乳房的悬吊装置，由内侧板和外侧板组成。两侧的内侧板形成乳房悬韧带，将乳房悬吊在腹底壁白线的两侧，并形成乳房的中隔，将乳房分为左、右两半。内、外侧板在乳头基部汇合，它们在向腹侧延伸的过程中，在乳房内、外侧面分出7～10个悬板进入乳房实质，将乳房分隔成许多腺小叶。每一腺小叶由分泌部和导管部组成。腺泡与小叶内导管相连，后者汇入小叶间导管，进而汇合成较大的输乳管，最后汇入输乳窦。输乳窦为乳房下部和乳头基部内的不规则腔体，分别称为腺部和乳头部；输乳窦经乳头管向外开口。乳头管内衬黏膜，黏膜上有许多纵嵴，黏膜下有平滑肌和弹性纤维，平滑肌在管口处形成括约肌。牛乳房4个乳丘的管道系统彼此互不相通。

3. 各种家畜乳房的特点

（1）猪的乳房 猪的乳房成对位于胸、腹部正中线的两侧，其对数因品种而异，一般5～8对，有的可达10对。每个乳房有1个乳头，每个乳头有2～3个乳头管的开口。输乳窦小。

（2）马的乳房 位于两股之间，呈扁圆形，被一纵沟分为左、右两半，每半有一个左、右扁平的乳头，每个乳头有2个乳头管的开口。输乳窦乳头部小。

（3）羊的乳房 位于腹股沟部，山羊的呈圆锥形，绵羊的呈扁平的半球形，被乳房间沟分为左、右两半，每半有一个圆锥形的乳头，每个乳头有1个乳头管的开口。乳头基部有较大的输乳窦。

（4）犬的乳房 位于胸、腹部正中线的两侧，其对数因品种而异，一般4对，有的5～6对。每个乳房有1个乳头，呈两侧扁平的锥形。每个乳头有多个乳头管的开口（7～16个）。

4. 乳房的血管、神经和淋巴管 乳房的动脉有阴部外动脉和阴部内动脉的阴唇背侧支和乳房支。阴部外动脉进入乳房后分为乳房前动脉和乳房后动脉，分布于乳房。乳房的静脉在乳房基部形成静脉环，有腹壁前浅静脉（腹皮下静脉）、阴部外静脉及阴唇背侧和乳房静脉与乳房基部静脉环相连，乳房的血液主要经腹壁前浅静脉和阴部外静脉回流。乳房的感觉神经来自髂腹下神经、髂腹股沟神经、生殖股神经和阴部神经的乳房支。自主神经来自肠系膜后神经节的交感纤维。这些神经纤维分布于肌上皮细胞、平滑肌纤维和血管，不分布于腺泡。乳房的淋巴管较稠密，主要输入乳房淋巴结。

【复习思考题】

1. 简述皮肤的构造。
2. 牛、马蹄有什么特点？
3. 蹄白线位于蹄的哪一部位？
4. 简述乳腺的结构。

（王俊萍）

项目四　消化系统器官观察识别

消化系统由消化管和消化腺两部分组成。消化管为容纳器官，多成管腔状，主要包括口腔、咽、食管、胃、小肠、大肠和肛门；消化腺是能分泌消化液的腺体器官，消化腺又分为壁内腺和壁外腺。壁内腺主要指存在于消化管壁内的腺体，如食管腺、胃腺、肠腺等；壁外腺是能够独立于消化管壁之外单独构成一个完整器官的腺体，如唾液腺（腮腺、颌下腺、舌下腺）、肝、胰。

任务一　消化管构造观察

【学习目标】

1. 掌握消化管的组成。
2. 掌握各层组织的结构特点。

【常用术语】

黏膜、黏膜下层、肌层、外膜。

【技能目标】

在显微镜下能观察出消化管各层结构，并能说出各部分特点。

【基本知识】

消化管各段虽然在形态、功能上各有特点，但其管壁的组织结构，除口腔外，一般均可分为4层，由内向外依次为黏膜、黏膜下层、肌层、外膜。

一、黏膜

黏膜是消化管道的最内层，柔软而湿润，色泽淡红，富有伸展性。当管腔内空虚时，常形成皱褶。具有保护、吸收和分泌等功能，可分为以下三层。

1. 上皮　　上皮是直接接触消化管内物质、执行功能活动的部分，除口腔、食管、胃的无腺部及肛门为复层扁平上皮以耐受摩擦外，其余部分均为单层柱状上皮，以利于消化、吸收。

2. 固有层　　固有层由疏松结缔组织构成，内含丰富的血管、神经、淋巴管、淋巴组织和腺体等。

3. 黏膜肌层　　黏膜肌层是固有层下的一薄层平滑肌。其收缩时可使黏膜形成皱褶，有利于内容物的吸收、血液流动和腺体分泌物的排出。

二、黏膜下层

黏膜下层是位于黏膜和肌层之间的一层疏松结缔组织，以便于黏膜的活动。其内含较大的血管、淋巴管和神经丛，在食管和十二指肠，此层内还含有腺体。

三、肌层

除口腔、咽、食管（马的前 4/5）和肛门的管壁为横纹肌外，其余各段均由平滑肌构成，一般可分为内层的环行肌和外层的纵行肌两层。两层之间有肌间神经丛和结缔组织。肌间神经丛具有调节肌肉收缩的作用，使胃肠不断运动，从而促进食物的消化和吸收。

四、外膜

外膜为富有弹性纤维的疏松结缔组织层，位于管壁的最表面。在食管前部、直肠后部与周围器官相连接处称为外膜；而在胃肠外膜表面尚有一层间皮覆盖，称为浆膜。浆膜表面光滑湿润，可减少消化管运动时的摩擦。

任务二　消化器官观察

【学习目标】

1. 掌握各消化器官的组成。
2. 掌握牛（羊）多室胃的位置、形态和结构特点。
3. 掌握猪（犬）单室胃的位置、形态和结构特点。
4. 掌握牛（羊）、猪小肠和大肠的位置、形态和结构特点。

【常用术语】

硬腭、软腭、前胃（假胃）、真胃、齿式、小肠、大肠。

【技能目标】

1. 能够识别各消化器官。
2. 掌握各消化器官的投影位置。

【基本知识】

消化器官是食物通过的通道，包括口腔、咽、食管、胃、十二指肠、空肠、回肠、盲肠、结肠、直肠和肛门。

一、口腔

口腔为消化器官的起始部，具有采食、咀嚼、辨味、吞咽和分泌消化液等功能，如图 4-1 所示。其由唇、颊、硬腭、软腭、舌和齿构成。

（一）唇

唇构成口腔的前壁，分为上唇和下唇，上、下唇在左、右两侧汇合成口角，游离缘共同围成口裂。表面被覆皮肤，内面衬以黏膜，中层为环行肌。黏膜深层有唇腺，腺管直接开口于黏膜表面。

牛唇坚实、短厚、不灵活。上唇中部和两鼻孔之间的无毛区，称为鼻唇镜，是鼻唇腺的开口处，健康状态下牛鼻唇镜表面光滑湿润而温度较低。

羊唇薄而灵活，上唇中部有明显的纵沟，两鼻孔之间形成无毛区，称为鼻镜。

猪的口裂大，上唇厚并与鼻端形成吻突，吻突无毛，光滑湿润，有拱地觅食的作用；下唇短而尖。

马唇长而灵活，是采食的主要工具。

（二）颊

颊构成口腔的两侧壁，主要由颊肌构成，外覆皮肤，内衬黏膜呈粉红色，黏膜上皮为复层扁平上皮。牛、羊的颊黏膜上有许多尖端向后的锥状乳头。

（三）硬腭

硬腭为口腔的顶壁，向后延续为软腭，如图4-2所示。硬腭的黏膜厚而坚实，正中有一纵行的腭缝，腭缝的两侧为横行的腭褶，前端与齿板（猪、马为切齿）之

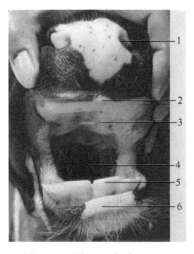

图4-1 口腔（王会香，2008）
1. 鼻孔；2. 上唇；3. 硬腭；4. 口腔；
5. 门齿；6. 下唇

间有一突起，称为切齿乳头。切齿乳头两侧有鼻腭管的开口，鼻腭管另一端通鼻腔。

（四）软腭

软腭是一紧接硬腭后方的含有腺体和肌组织的黏膜褶，构成口腔的后壁。其与舌根之间的空隙称为咽峡，为口腔与咽之间的通道。

（五）舌

舌由横纹肌构成，表面覆以黏膜，在咀嚼、吞咽等动作中有搅拌和推送食物的作用。舌分为舌尖、舌体和舌根三部分，如图4-3所示。舌尖与舌体交界处的腹侧面有黏膜褶，称为舌系带，与口腔底部相连（牛、猪2条，马1条）；舌黏膜的表面有许多大小不一的突起，称为舌乳头，其中有的内含味蕾，可感知味觉；舌根附着在舌骨上，其背侧的黏膜内含有淋巴器官，称为舌扁桃体。

牛舌宽厚有力，是采食的主要器官。在舌背上分布有很多尖端向后角质化扁平的豆

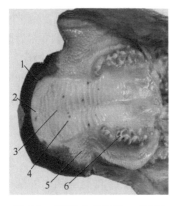

图4-2 硬腭（王会香，2008）
1. 上唇；2. 切齿乳头；3. 腭缝；
4. 腭褶；5. 颊部乳头；6. 颊齿

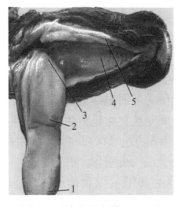

图4-3 舌（王会香，2008）
1. 舌尖；2. 舌体；3. 舌根；
4. 硬腭；5. 下颌骨

状乳头，咀嚼中可起机械作用。

马舌灵活，舌系带两侧各有一个舌下肉阜，是颌下腺的开口处，中兽医称之为"卧蚕"，具有重要的临床诊断意义。

（六）齿

齿是畜体最坚硬的器官，具有采食和咀嚼作用。

1. 齿的形态和位置 齿是咀嚼和采食的器官，镶嵌于上、下颌骨的齿槽内，因其排列成弓形，所以又分别称为上齿弓和下齿弓。每一侧的齿弓上按前向后顺序排列为切齿、犬齿和臼齿。其中切齿由内向外又分别称为门齿、内中间齿、外中间齿、隅齿；臼齿可分为前臼齿和后臼齿。动物齿的排列方式称为齿式。

$$\frac{2（上齿弓）}{2（下齿弓）}\left[\begin{array}{c} \qquad 前\ 后 \\ 切\ 犬\ 臼\ 臼 \\ 齿\ 齿\ 齿\ 齿 \\ \qquad 前\ 后 \\ 切\ 犬\ 臼\ 臼 \\ 齿\ 齿\ 齿\ 齿 \end{array}\right]$$

齿在动物的一生中，并不是固定不变的，一般都是在出生后逐个长出。除后臼齿外，其余齿到一定年龄时均按一定顺序进行脱换。脱换前的齿称为乳齿，一般个体较小，颜色乳白，磨损较快；而脱换后的齿相对较大，坚硬，颜色较白，称为恒齿。几种齿式如下。

	恒齿式	乳齿式
牛：	$2\left(\dfrac{0033}{4033}\right)=32$	$2\left(\dfrac{0030}{4030}\right)=20$
猪：	$2\left(\dfrac{3143}{3143}\right)=44$	$2\left(\dfrac{3130}{3130}\right)=28$
犬：	$2\left(\dfrac{3142}{3143}\right)=42$	$2\left(\dfrac{3130}{3130}\right)=28$

2. 齿的结构 牛、羊无上切齿，齿的更换、生长和磨损规律，常作为年龄鉴定的依据。

齿在外形上可分为三部分，埋于齿槽内的部分称为齿根，露于齿龈外的称为齿冠，介于二者之间被齿龈覆盖的部分称为齿颈。上、下齿冠相对的咬合面称为磨面。齿龈为包围在齿颈外的一层黏膜，与骨膜紧密相连，呈淡红色，有固定齿的作用。

齿壁由齿质、釉质和齿骨质构成。齿质位于最内层，呈淡黄色，是构成齿的主体；在齿冠部齿质的外面包以光滑、坚硬、乳白色的釉质，它是体内最坚硬的组织；在齿根部齿质的外面则被有略呈黄色的齿骨质；齿的中心部称为齿髓腔，腔内有富含血管、神经的齿髓，齿髓有生长齿质和营养齿组织的作用。

齿冠长且深入齿槽内，磨面上有一漏斗状齿窝。窝内填充食物残渣，腐败变质后呈黑色，因而称为黑窝（又称齿坎）；当齿磨损后，则可在磨面上见到内外两圈明显的釉质褶。它们之间为齿质。以后随着年龄的增长，齿冠磨损加大，黑窝逐渐消失，齿质暴露，成为一黄褐色的斑痕，称为齿星。因此常可根据马切齿的出齿、换齿、齿冠磨损情况、齿星出现等判定马的年龄。

二、咽

咽为位于口腔、鼻腔的后方，喉和食管前上方的肌质性囊状器官，是消化管和呼吸管的共同通道。其可分为口咽部、鼻咽部和喉咽部。口咽部位于咽的前下方，经咽峡与口腔相通；鼻咽部位于咽的前上方，经两个鼻后孔与鼻腔相通；喉咽部位于咽的后方，向后下经喉口通喉腔；向后上经食管口通食管。在咽管两侧各有一缝状咽鼓管口通向中耳。咽壁由黏膜、肌层和外膜三层构成。黏膜衬于咽腔内表面，内含咽腺和淋巴组织；肌层为骨骼肌，有缩小和扩大咽腔的作用；外膜是包围在咽肌外的一层纤维结缔组织膜。

三、食管

食管是将食物由咽运送入胃的肌质管道。其分为颈、胸两段，颈段起始于喉和气管的背侧并继续向后延伸，经纵隔到达横膈膜，经膈的食管裂孔进入腹腔后，直接与胃的贲门相连接。

食管的黏膜上皮为复层扁平上皮。黏膜表面可形成许多纵行的皱裂，当食团通过时，管腔扩大，皱裂展平，利于食团下行。

四、胃

位于腹腔内，是消化管的膨大部分，前接食管处形成贲门，后形成幽门通十二指肠，根据动物的种类不同可分为多室胃和单室胃。

（一）多室胃（复胃）

牛、羊的胃是由瘤胃、网胃、瓣胃、皱胃4个胃室联合起来形成的，故称多室胃（复胃），如图4-4所示。其中前三个胃的胃壁上无消化腺，不分泌胃液，主要起贮存食物、发酵分解纤维素的作用，称前胃或假胃；第四个胃有消化腺分布，能分泌胃液，具有化学消化的作用，故又称真胃。

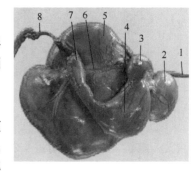

图4-4　羊胃右侧观（王会香，2008）
1. 食管；2. 网胃；3. 瓣胃；
4. 皱胃；5. 瘤胃前背盲囊；
6. 右侧纵沟；7. 幽门；8. 十二指肠

1. 瘤胃　容积最大，约占4个胃总容积的
80%。呈前后稍长、左右略扁的椭圆形，占据了左侧腹腔的全部，其下部还伸向右侧腹腔。前端与第7、8肋间隙相对，后端达骨盆腔前口，左侧（壁面）与脾、膈及左腹壁相接触，右侧（脏面）与瓣胃、皱胃、肠、肝、胰等相邻，背侧借腹膜和结缔组织附于膈脚和腰肌的腹侧面，腹侧缘隔着大网膜与腹腔底相接触。

瘤胃的前端和后端可见到较深的前沟和后沟，左右侧面有较浅的左、右纵沟；瘤胃的内壁有与上述各沟相对应的沟柱。沟和沟柱共同围成环状，把瘤胃分成背囊和腹囊两大部分。由于瘤胃的前沟和后沟较深，在瘤胃背囊和腹囊之前、后分别形成前背盲囊、后背盲囊、前腹盲囊和后腹盲囊。

瘤胃和网胃之间的通路很大，称瘤网口，口的背侧形成一个穹隆，称瘤胃前庭。其连接食管的孔即贲门。

瘤胃的黏膜呈棕黑色或棕黄色，无腺体，表面有无数密集的乳头，内含丰富的毛细血管。但肉柱上无乳头，颜色较淡，如图 4-5 所示。

2. 网胃（蜂巢胃） 是 4 个胃中容积最小、位置最前的一个胃，其容积约占 4 个胃总容积的 5%（牛）。外形呈梨状，前后稍扁，位于季肋部的正中矢状面上，瘤胃背囊的前下方，与 6～8 肋相对。网胃的后面（脏面）较平，与瘤胃背囊相连，上端有较大的瘤网口与瘤胃相通；右下方有网瓣口与瓣胃相通。自贲门到网瓣口之间有由黏膜褶形成的食管沟的沟唇，两唇之间为食管沟的沟底，使液状食糜直接沿食管沟和瓣胃直达皱胃。一般犊牛的食管沟沟唇较发达，可闭合成管，而成年牛的食管沟则闭合不严。网胃的前面（壁面）较突出，与膈、肝相接触，而膈的前面紧邻心脏和肺，所以，网胃内如有尖锐异物，常可穿透网胃、膈而伤及心包和心脏，形成创伤性心包炎、心肌炎。

网胃的黏膜形成许多网格状（蜂巢状）的皱褶，皱褶上密布角质乳头，如图 4-6 所示。

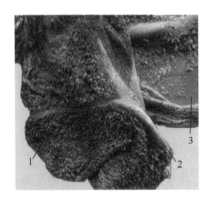

图 4-5 牛瘤胃黏膜（王会香，2008）
1. 瘤胃黏膜层乳头；2. 肉柱；3. 瘤胃内容物

图 4-6 牛的网胃（王会香，2008）
1. 瘤胃；2. 网胃黏膜网格状的皱褶

3. 瓣胃 牛的瓣胃占 4 个胃总容积的 7%～8%。羊的瓣胃则是 4 个胃中最小的。瓣胃呈两侧稍扁的球形，很坚实，位于右季肋部，与第 7～11（12）肋相对。

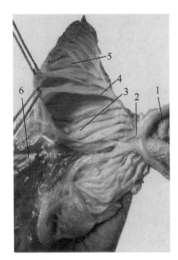

图 4-7 牛的瓣胃（王会香，2008）
1. 网胃；2. 网瓣孔；3. 瓣胃小叶；
4. 瓣胃大叶；5. 瓣胃中叶；6. 皱胃黏膜

瓣胃的黏膜表面由角质化的复层扁平上皮覆盖，并形成百余片大小、宽窄不同的叶片，叶片分大、中、小和最小 4 级，呈有规律地相间排列，故又称"百叶"。在消化中可将食物榨干、磨碎。在瓣胃底部有一瓣胃沟，前接网瓣孔与食管沟相连，后接瓣皱孔与皱胃相通，使液态饲料经此沟直接进入皱胃，如图 4-7 所示。

4. 皱胃（真胃） 是 4 个胃中唯一有腺体的胃，黏膜表面光滑、柔软，有 12～14 条螺旋形皱褶。黏膜表面被覆单层柱状上皮，黏膜内有腺体，按其位置和颜色分为贲门腺区（色较淡）、胃底腺区（色深红）和幽门腺区（色黄），单胃动物的这几个区明显，可分泌消化液，对食物进行初步消化。

皱胃的容积占 4 个胃总容积的 7%～8%，前端粗大，称胃底部，与瓣胃相连；后端狭窄，称幽门部，与十二指肠相接。整个胃呈长囊状，位于右季肋部和剑状软骨部，左邻网胃和瘤胃的腹囊，下贴腹腔底壁，与8～12肋相对。

　　牛胃容量与年龄、体格大小等有直接的关系，一般中等体型的牛的胃容量为135～180L。而4个胃的大小比例也与年龄、食物性质等有很大关系。新生犊牛瘤、网胃之和仅相当于皱胃的1/2，出生后4个月左右，前两胃之和即可相当于后两胃之和的4倍。到1～1.5岁时胃的容积即基本稳定，即瘤胃约占总容积的80%；网胃占5%；瓣胃占7%～8%；皱胃占7%～8%。

　　羊胃近似于牛胃（略）。

（二）单室胃

　　猪、马、犬、猫、兔等动物的胃属单室胃。

　　单室胃的形态：单室胃大多呈弯曲的椭圆形囊，入口称贲门，出口称幽门，凸缘称胃大弯，凹缘称胃小弯。依外形可分为贲门部、幽门部和胃底部。胃位于腹腔前部，大部分位于左季肋部，小部分位于右季肋部。前方与膈相贴称膈面，前方右侧与肝相近，后方与肠胰等相邻称脏面，左侧与腹壁紧贴（马未贴近腹壁故不能发生呕吐，猪胃的容量大，饱食后可达腹中部的腹腔底壁）。猪胃如图4-8所示。

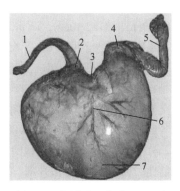

图4-8　猪胃（王会香，2008）
1. 食管；2. 贲门；3. 胃小弯；4. 幽门；
5. 十二指肠；6. 胃血管；7. 胃大弯

　　胃壁由内向外分为以下4层。

　　1. 黏膜　黏膜分为无腺部和有腺部两大部分。无腺部的黏膜上皮为复层扁平上皮，颜色苍白，相当于多室胃的前胃。有腺部黏膜有腺体，相当于多室胃的皱胃。其表面形成许多凹陷，称胃小凹，是胃腺的开口，根据其位置、颜色和腺体的不同，有腺部又分为贲门腺区、幽门腺区和胃底腺区。其中贲门腺区和幽门腺区主要有黏液细胞分泌碱性黏液，以润滑和保护胃黏膜。胃底腺区最大，位于胃底部，是分泌胃消化液的主要部位，其细胞主要有4种：①主细胞，数量较多，分泌胃蛋白酶原、胃脂肪酶（少量）、凝乳酶（幼畜），参与消化。②壁细胞（盐酸细胞），数量较少，夹在主细胞之间，分泌盐酸。③颈黏液细胞，一般成群分布在腺体的颈部，分泌黏液，保护胃黏膜。④银亲和细胞，广泛存在于家畜的全部消化道，具有内分泌的功能，可调节消化器官的功能活动。因其细胞内含有能被银染料染成黑色的染色颗粒，故称银亲和细胞（嗜银细胞）。

　　2. 黏膜下层　为疏松结缔组织层。

　　3. 肌层　在各段消化管中，胃的肌层最厚。其可分为三层：内层为斜行肌，仅分布于无腺部，在贲门部最发达，形成贲门括约肌；中层为环行肌，很发达，在胃的幽门部增厚明显，形成幽门括约肌；外层为不完整的纵行肌，主要分布于胃大弯和胃小弯处。

　　4. 浆膜　为外层。

五、小肠

　　小肠前接胃的幽门，后以回盲口与盲肠相通，包括十二指肠、空肠、回肠。小肠是消化管中最长的一段，成年牛有30～50m，羊有18～35m，猪有15～20m。小肠是食物进行消化吸收的主要部位。

（一）小肠的形态和位置

1. 牛、羊的小肠　牛、羊的小肠几乎全部位于腹腔右侧，牛十二指肠长约 1m，羊约 50cm，位于右季肋部和腰部，由于肠系膜短，位置较固定。其可分为三段：第一段起自幽门，向前向上伸延，在肝的脏面形成乙状弯曲。第二段由此向后伸延，到髋结节附近，向上并向前折转形成髋（髋）曲。第三段由此向前，与结肠末端平行到右肾腹侧与空肠相接。空肠大部分位于右季肋部、右髋部和右腹股沟部，形成无数肠圈，由短的空肠系膜悬挂于结肠盘下，形似花环，部分肠圈往往绕过瘤胃后方而到左侧。回肠较短，牛约 50cm，羊约 30cm，不形成肠圈，自空肠的最后肠圈起，几乎呈直线向前上方伸延至盲肠腹侧，止于回盲口。

2. 猪的小肠　十二指肠为 40～90cm，在腹腔背侧形成一环形祥。空肠，形成无数肠祥，大部分位于腹腔右半部、结肠圆锥的右侧。回肠短而直，末端开口于盲肠和结肠交界处的腹侧。开口处黏膜稍突入盲结肠内，如图 4-9 所示。

3. 犬的小肠　犬的小肠比较短，为体长的 3～4 倍，前接胃的幽门，后端止于盲肠，分为十二指肠、空肠和回肠。十二指肠位于右季肋部和腰部，位置较固定。其可分为前曲、降部、后曲和升部，前曲较短，起于幽门，沿肝的脏面下行，在右侧第 9 肋间隙相对应处转为降部。降部较长，在右肾后端第 5～6 腰椎向左侧折转，移行为后曲。升部系膜较短，行于右侧盲肠。空肠最长，由 6～8 个肠祥组成，向后接回肠。回肠由回盲口与盲肠相连。此处有许多淋巴集结。

（二）小肠的构造

小肠的肠壁基本上符合管腔器官的一般构造，也分为黏膜、黏膜下层、肌层、浆膜 4 层。其突出特征是黏膜层具有肠绒毛，如图 4-10 所示。

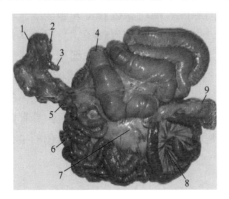

图 4-9　猪的肠（王会香，2008）
1. 胃；2. 憩室；3. 食管；4. 结肠；
5. 十二指肠；6. 空肠；7. 肠系膜淋巴结；
8. 肠系膜；9. 直肠

图 4-10　小肠壁的结构
1. 黏膜（肠绒毛）；2. 肌层；
3. 黏膜下层；4. 环行肌

1. 黏膜　小肠的黏膜形成许多环形的皱褶，表面有许多指状突起，称为肠绒毛。绒毛由上皮和固有层组成。上皮：为单层柱状上皮，由柱状细胞、杯状细胞等组成，覆于绒毛的表面和绒毛间的黏膜表面。固有层：由富含网状纤维的结缔组织构成，一部分突入绒毛内形成绒毛的轴心，另一部分伸入肠腺之间。固有层内除有大量的肠腺外，还有血管、淋巴管、神经和各种细胞成分。此外，尚有淋巴小结，有的单独存在，称为淋巴孤结（分布在空肠和十二指肠）；有的集合成群，称为淋巴集结（主要分布于回肠），常伸入到黏膜下层。固有层存在于绒毛的中轴，其中央有一条贯穿绒毛全长的毛细淋巴管（绵羊的可以有两条或多条），称为中央乳糜管。在中央乳糜管周围有毛细血管网丛。固有层内还有分散的平滑肌与绒毛长轴平行，收缩时，绒毛缩短，使绒毛毛细血管和中央乳糜管中所吸收来的营养物质随血液和淋巴进入较深层次的血管和淋巴管中。绒毛的这种不断伸展与收缩，促进了营养物质的吸收和运输。

2. **黏膜下层**　由疏松结缔组织构成。在十二指肠的黏膜下层内有十二指肠腺，其分泌物可在十二指肠黏膜表面形成屏障，以抵抗胃酸对十二指肠黏膜的侵蚀。

3. **肌层**　由内层的环行和外层的纵行两层平滑肌组成。

4. **浆膜**　由薄层结缔组织和间皮组成。

六、大肠

大肠是消化管的后段，前接回肠，后通肛门，包括盲肠、结肠、直肠。其主要功能是消化纤维素，吸收水分，形成粪便排出等。牛的大肠为6.5～10m，羊的为7.8～10m，猪的为4～4.5m。

大肠壁的结构与小肠基本相似，但肠腔宽大，黏膜表面平滑，无绒毛，上皮细胞呈高柱状，黏膜内有排列整齐的大肠腺，大肠腺的分泌物中不含消化酶，肠腔内的化学消化过程主要靠伴随食糜一起进入大肠的小肠消化液继续发挥消化作用。肠壁内淋巴孤结较多，淋巴集结较少。肌层也由内环和外纵两层平滑肌构成。纵行肌集合成纵带，环行肌形成横沟，使肠腔形成肠袋（如马）。外层除直肠覆以结缔组织外膜外，其余均覆以浆膜。

（一）牛、羊的大肠

1. **盲肠**　呈圆筒状，位于后髂部。以回盲口为界，盲端向后伸达骨盆前口（羊的可伸入骨盆腔内），并呈游离状态，可以移动。由回盲口向前即为结肠，如图4-11所示。

2. **结肠**　分为初袢、旋袢、终袢三段（图4-12）。

图4-11　羊的大肠左侧观（王会香，2008）
1. 结肠；2. 盲肠；3. 直肠；4. 肠系膜；5. 空肠

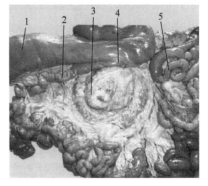

图4-12　结肠右侧观（王会香，2008）
1. 盲肠；2. 回肠；3. 结肠；
4. 回盲口；5. 空肠

初袢：为结肠前段，呈乙状弯曲，大部分位于右髂部。

旋袢：为结肠中段，盘曲成一平面的圆盘状，位于瘤胃的右侧。从初袢末端开始，以顺时针方向向内旋转约两圈（羊约三圈）至中心曲称为向心回；而后以中心曲为起点，以相反方向向外旋转两圈（羊约三圈）至终袢，称为离心回。

终袢：是结肠的末段。开始先向后，继而折转向前，再向左绕过肠系膜前动脉，转而向后伸达骨盆前口，移行为直肠。

3. 直肠　位于骨盆腔内，较短。

（二）猪的大肠

1. 盲肠　短而粗，呈圆锥状，位于左髂部，盲端朝向后下方，伸达骨盆前口附近。

2. 结肠　位于腹腔左侧，胃的后方，形成圆锥状双重螺旋盘曲。其可分为向心曲和离心曲两段。向心曲口径粗大，由背侧向腹侧旋转三周，离心曲由腹侧向背侧旋转，口径较细小，最后接直肠，如图 4-13 所示。

3. 直肠　位于骨盆腔内，中部膨大可形成直肠壶腹。

（三）犬、猫的大肠

犬的大肠相对较短，管径细，几乎近似小肠，无肠带和肠袋，分盲肠、结肠和直肠。

盲肠呈"S"形弯曲（猫的盲肠更短小），盲肠口与结肠相通（称盲结口）。犬的结肠呈"U"形，较短，分为升结肠、横结肠和降结肠。升结肠从盲结口向前行，沿十二指肠降部前行至胃幽门左转至左肾腹侧，再向后转为降结肠，降结肠后段与直肠相接，如图 4-14 所示。

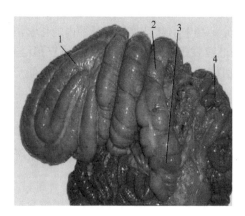

图 4-13　猪的大肠（王会香，2008）
1. 结肠；2. 盲肠；3. 盲肠尖；4. 空肠

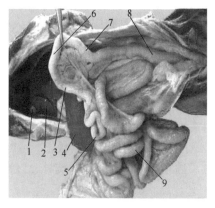

图 4-14　犬结肠（王会香，2008）
1. 胆囊；2. 肝脏；3. 升结肠；4. 脾脏；
5. 盲肠；6. 横结肠；7. 降结肠；8. 直肠；9. 小肠

七、肛门

肛门是消化管末端，外为皮肤，内为黏膜，黏膜衬以复层扁平上皮。皮肤与黏膜之间有平滑肌形成的内括约肌和横纹肌形成的外括约肌，控制肛门的开闭。提肛反射是否消失是判定动物是否彻底死亡的标志之一。

任务三　消化腺的观察

【学习目标】

掌握牛（羊）和猪的唾液腺、肝、胰等器官的位置、形态和结构特点。

【常用术语】

中央静脉、肝板、肝细胞索、肝小叶、胰岛。

【技能目标】

1. 能够在显微镜下识别肝组织结构。
2. 能够利用正确方法进行肝、胰的解剖。

【基本知识】

一、唾液腺

能经导管开口分泌唾液于口腔的腺体，总称为唾液腺。除一些小的壁内腺如唇腺、颊腺、腭腺、舌腺分布在口腔黏膜内以外，主要还有腮腺、颌下腺、舌下腺三对壁外腺位于口腔周围形成独立器官（图 4-15）。

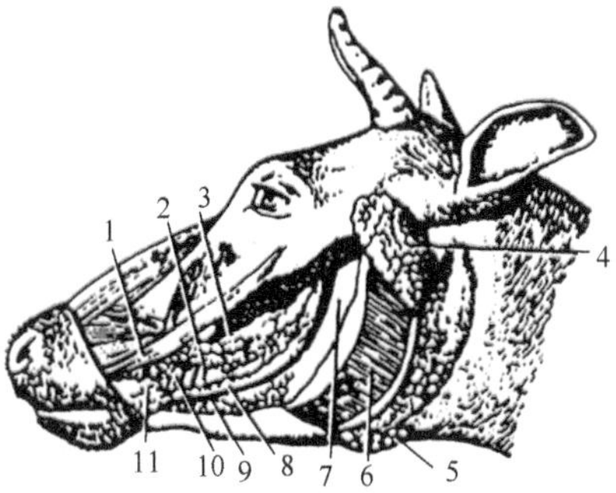

图 4-15　牛的唾液腺

1. 颧肌；2. 颊肌；3. 颊背侧腺；4. 腮腺；
5. 颌下腺；6. 咬肌；7. 下颌骨；8. 颊腹侧腺；
9. 颊神经；10. 颊中间腺；11. 唇腺

（一）唾液腺的位置形态

1. 腮腺　　位于耳根下方（也称耳下腺）、下颌骨垂直部后缘与颈椎的寰椎翼之间的皮下，其导管称腮腺管，经颊部黏膜开口于口腔内。

牛的腮腺为淡红褐色，呈狭长的倒三角形，上部宽厚，下部窄小。腮腺管起于腮腺下部的深面，沿咬肌的腹侧向前延伸，至第 5 上臼齿相对处穿过颊部开口于颊黏膜表面。

羊的腮腺与牛相似，腮腺管开口于第 3~4 上臼齿相对的颊黏膜表面。

猪的腮腺很发达，呈三角形，淡黄色，位于耳下或下颌骨后缘的脂肪中。腮腺管沿下颌骨的水平部下缘向前延伸并转至面部，开口于第 4~5 上臼齿相对处的颊黏膜表面。

2. 颌下腺　　位于下颌骨内侧和腮腺的深面，颌下腺导管起于颌下腺前端，向前延伸进入口腔底部、舌体腹侧，开口于舌下肉阜。

牛的颌下腺发达，比腮腺大，呈长形，黄色。在下颌间隙内左右颌下腺几乎相接触。腺管开口于舌下肉阜的外侧。

羊的颌下腺同牛的相似，但不及牛发达。

猪的颌下腺小而致密，呈扁圆形，淡红色，位于腮腺的深面，颌下腺管开口于舌系带两侧的口腔底壁。

3. 舌下腺　　最小，长而薄，位于舌体与下颌骨之间的黏膜下，舌下腺管的数量多，有 30 多条，短，直接开口于腔底的黏膜上。牛、羊的呈淡黄色，猪的呈淡红色。其可分为短管舌下腺和长管舌下腺两个部分。短管舌下腺，牛位于上部，猪位于前部；长管舌下腺，牛位于上部，猪位于后部。

（二）唾液腺的结构

唾液腺为复管泡状腺，由被膜和实质构成。唾液腺的外面都覆盖一层疏松结缔组织被膜，并伸入腺体实质中，将实质分隔成许多腺叶和腺小叶，内含血管、淋巴管、神经。实质由腺泡和导管两部分组成。腺泡是唾液的分泌部，呈管或泡状，由一层腺上皮细胞构成，腮腺腺泡分泌浆液性唾液，颌下腺和舌下腺的腺泡能分泌浆液性唾液和黏液性唾液。导管部是唾液排出的管道系统，由闰管、分泌管和排泄管组成。闰管直接连于腺泡，由一层扁平上皮或立方上皮构成。分泌管由闰管汇合而成，由一层柱状上皮构成。排泄管由分泌管汇合而成，由单层柱状或复层扁平上皮构成。

二、肝

肝是动物体内最大的腺体，位于腹腔右侧前部的右季肋部，前面与膈接触（称膈面），右侧与腹壁紧贴，后面与内脏相邻（称脏面）。肝呈红褐色，质地柔软而脆，形态为扁平状，背侧较厚，腹侧缘较薄，腹侧缘有深浅不一的两条切迹将肝分为大小不等的肝叶，一般可分为左叶、中叶、右叶。中叶可分为尾叶、方叶。肝的膈面凸，有后腔静脉通过。脏面呈凹面状，中部有一凹陷称肝门，是肝静脉、肝动脉、神经、淋巴管和肝管进出肝的部位。多数动物肝的脏面还有胆囊，胆囊管常与肝管合并成胆总管开口于十二指肠乙状弯曲。无胆囊的动物肝管直接开口于十二指肠内。

肝的表面覆有浆膜，浆膜形成左、右冠状韧带，左右三角韧带和镰状韧带，将肝脏与周围器官及腹壁相连，并将肝的位置予以固定。

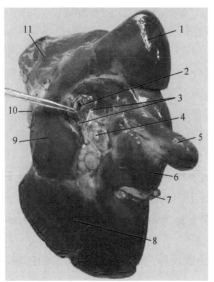

图 4-16　牛肝脏面（王会香，2008）
1. 尾状突；2. 肝门静脉；3. 肝动脉；
4. 肝淋巴结；5. 胆囊；6. 方叶；7. 肝圆韧带；
8. 左叶；9. 尾叶；10. 肝静脉；11. 右叶

1. 几种家畜肝的形态位置特点　牛、羊的肝：略呈长方形，分叶虽不明显，但也可分为四叶，且肝的实质较厚实，有胆囊，位于右季肋部，如图 4-16 所示。

猪的肝：位于季肋部和剑状软骨部，略偏右侧，中央厚而边缘薄锐，分叶明显，有胆囊，如图 4-17 所示。

2. 肝的组织构造　肝的表面大部分被覆一层浆膜，浆膜结缔组织进入肝的实质，把肝分为许多肝小叶，如图 4-18 所示。

（1）肝小叶　是肝的基本结构单位，呈不规则的多边棱柱状。小叶的中轴贯穿一条静脉，称中央静脉。在肝小叶的横断面上，可见到肝细胞呈索状排列组合在一起，称肝细胞索，并以中央静脉为中心，向周围呈放射状排列。肝细胞索有分支，彼此吻合成网，网眼间形成窦状隙，又称肝血窦，实际上是不规则膨大的毛细血管，窦壁由内皮细胞构成，窦腔内有库普弗细胞，可吞噬细菌、异物。

从肝的立体结构上看，肝细胞的排列并不呈索状，而是呈不规则的互相连接的板状，称肝板。细胞之间有胆小管，它以盲端起始于中央静脉周围的肝板内，也呈放射状，并彼此交织成网。肝细胞分泌的胆汁经胆小管流向位于小叶边缘的小叶间胆管，许多小叶间胆管汇合起来经肝门出肝，形成肝管，直接开口于十二指肠近胃端（无胆囊动物）或入胆囊（有胆囊动物），经胆管开口于十二指肠。

（2）肝的血液循环　肝的血液有两个来源，一个来自门静脉，它是收集了来自胃、脾、胰、大小肠的血液，汇合成门静脉，经肝门入肝，在肝小叶间分支形成小叶间静脉，

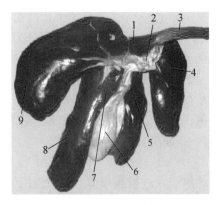

图 4-17　猪肝脏面（王会香，2008）
1. 尾叶；2. 肝动脉；3. 肝静脉；4. 右外叶；
5. 右内叶；6. 胆囊；7. 方叶；8. 左内叶；9. 左外叶

图 4-18　肝的组织切片
1. 中央静脉；2. 小叶间；3. 小叶间动脉；
4. 小叶间静脉；5. 小叶间胆管

再分支形成分支开口于窦状隙，然后血液流向小叶中心的中央静脉。门静脉血由于主要来自胃、肠，所以血液内既含有经消化吸收来的营养物质，又含有消化吸收过程中产生的毒素、代谢产物及细菌、异物等有害物质。其中，营养物质在窦状隙处可被吸收、贮存或经加工、改造后再排入血液中，运到机体各处，供机体利用；而代谢产物、细菌、异物等有毒、有害物质，则可被肝细胞结合或转化为无毒、无害物质，细菌、异物可被库普弗细胞吞噬。因此，门静脉属于肝的功能血管。

　　肝的另一支血管，是来自于主动脉的肝动脉。它经肝门入肝后，也在肝小叶间分支形成小叶间动脉，并伴随小叶间静脉同样分支，进入窦状隙和门静脉血混合。部分分支还可到被膜和小叶间结缔组织等处。这支血管由于是来自主动脉，含有丰富的氧气和营养物质，可供肝细胞物质代谢使用，因此是肝的营养血管。

　　（3）肝门管　综上所述可知，在肝门处主要有两条进入肝的血管（门静脉、肝动脉），一条走出肝门的肝管。这三条管在肝门处往往被结缔组织包裹起来，并集合成束，这种结构称为肝门管。另外，结缔组织还突入肝内，遍布于小叶之间，把小叶间动脉、小叶间静脉、小叶间胆管同时包裹起来。因此，在肝的组织切片上（图 4-18），可见到相邻肝小叶之间、小叶间动脉、小叶间静脉、小叶间胆管伴行分布的区域，称为门管区或汇管区。

　　肝的血液循环和胆汁排出途径如下。

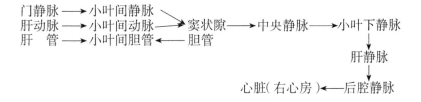

三、胰

　　胰是一个既具有外分泌功能，又具有内分泌功能的复合腺体。外分泌部称胰腺，能分泌胰液；内分泌部称胰岛，能分泌胰岛素和胰高血糖素。

　　（一）胰的位置形态

　　胰位于十二指肠的乙状弯曲中，通过一条或两条胰管开口于十二指肠乙状弯曲处。

胰质地柔软，呈黄褐色、灰黄色或灰红色。

牛、羊的胰呈不整齐的四边形，位于右季肋部和腰部、肝门的后方。可分为胰头、左叶、右叶三部分。胰头位于肝的脏面，羊有一条胰管，称主胰管，从胰头通出后与胆管汇合成一条总管。右叶较长，牛右叶的末端有一胰管，称副胰管。

猪的胰略呈三角形，位于最后两个胸椎和前两个腰椎的腹侧。也可分为胰头、左叶、右叶三个部分，胰头位于门静脉和后腔静脉的腹侧，左叶位于左肾腹侧和脾的后方，右叶位于十二指肠乙状弯曲中，可达右肾的内侧。有一条胰管自右叶末端通出。

（二）胰的组织结构

胰由被膜和实质构成。胰的表面有少量的结缔组织，故被膜很薄。结缔组织伸入胰实质中，将实质分为许多胰小叶，由于结缔组织不发达，故小叶分界不明显。血管、神经、淋巴管分布在结缔组织中。胰的实质由外分泌部和内分泌部构成。

外分泌部（胰腺）占胰实质的绝大部分。为复管泡状腺，由腺泡和导管两部分组成。腺泡的大小和形状不一，有的呈泡状，有的呈管状，泡腔较小。腺泡壁都由浆液性腺上皮细胞组成。细胞呈锥形，胞核圆形，位于基底部，胞质内粗面内质网丰富。合成分泌的酶原颗粒自细胞的游离端排入腺泡腔。导管部由各级导管组成，由小至大分别是闰管、小叶内导管、小叶间导管、叶间导管和总排泄管（胰管）。闰管管径最小，管壁由一层扁平上皮构成，一端连于腺泡，另一端汇入小叶内导管。小叶内导管由闰管汇合而成，管壁由单层立方上皮构成。小叶内导管在小叶间结缔组织中汇合成小叶间导管，管壁由单层矮柱状上皮构成。小叶间导管汇成叶间导管，管壁由高柱状上皮构成，叶间导管最后汇合成胰管从胰中穿出。管壁也由单层高柱状上皮构成。

内分泌部是分散在胰腺腺泡间大小不等、形状不一的细胞群，呈岛屿状分布，故称胰岛。胰岛内的细胞常排列成不规则的索状，索间有丰富的毛细血管和血窦，可将胰岛细胞的分泌物带入血液中。胰岛细胞主要有两种：一种是 α 细胞（甲细胞），另一种是 β 细胞（乙细胞）。α 细胞多分布于胰岛的外围部分，占胰岛细胞的 20%，胞质内有能染成鲜红色的颗粒，α 细胞能分泌胰高血糖素。β 细胞分布于胰岛的中心部分，胞质内有能染成黄褐色或橘黄色的细小颗粒，占胰岛细胞的 80%，β 细胞能分泌胰岛素。

【复习思考题】

1. 牛、猪的口腔构造各有何特点？
2. 比较牛、猪食道的位置和结构特点有何不同。
3. 比较牛、猪大肠的特点有何不同。
4. 比较牛、猪的小肠位置有何不同。
5. 比较牛、猪肝的分叶情况有何不同。
6. 试述胃壁的组织结构。
7. 试述小肠壁的组织结构。
8. 试述肝的组织结构。
9. 试述胰的组织结构。

（解慧梅）

呼吸系统器官观察识别

呼吸系统包括鼻、咽、喉、气管、支气管和肺等呼吸器官，以及胸膜和纵隔等辅助器官。鼻、咽、喉、气管和支气管是气体出入肺的通道，称呼吸道或上呼吸道，它是由骨和软骨为支架组成的，保证气体自由畅通的开放性管道。肺是气体交换的器官，柔软而有弹性，由许多薄壁肺泡构成。肺泡表面布满丰富的毛细血管，形成网状，大大增加了肺泡与氧气接触的面积，保证了气体交换的进行。此外，鼻具有嗅觉功能，喉与发音有关，肺还参与多种生物活性物质的合成与代谢过程。

任务一 呼吸管道的观察

【学习目标】

1. 了解呼吸系统的组成。
2. 熟悉鼻腔和喉腔的结构。
3. 掌握喉软骨的组成。

【常用术语】

固有鼻腔、喉软骨、喉腔。

【技能目标】

1. 能够识别鼻腔的组织结构（上下分区及前后分区）。
2. 能够识别气管及支气管的组织构造（U形软骨）。

【基本知识】

一、鼻

鼻位于面部的中央，既是气体出入的通道，又是嗅觉器官，对发声也有辅助作用。鼻包括鼻腔和副鼻窦。

（一）鼻腔

鼻腔是呼吸道起始部，是气体出入的通道，又是嗅觉器官，有温暖、湿润气体，除尘和共鸣等作用。鼻腔位于口腔的背侧，以面骨为支架，内衬黏膜构成的长圆管状腔洞，被鼻中隔分为左、右两个鼻腔，每个鼻腔又分为鼻孔、鼻前庭和固有鼻腔三部分。

1. 鼻孔　鼻孔是鼻腔的入口，由内、外鼻翼围成，内有软骨为支架，有一定弹性和活动性。

牛的鼻孔呈椭圆形，鼻翼厚、不灵活，鼻孔之间的无毛区为鼻唇镜。

羊的鼻孔呈"S"形，其间为鼻镜，纵沟明显。

猪的鼻孔小，呈圆形，位于吻突的前端。

马的鼻孔大，呈倒转的逗点形，鼻翼灵活。

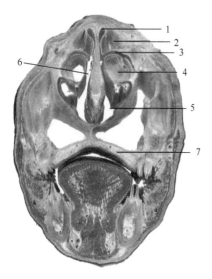

图 5-1　鼻腔横断面（Dyce et al., 2010）
1. 上鼻道；2. 上鼻甲；3. 中鼻道；4. 下鼻甲；
5. 下鼻道；6. 总鼻道；7. 硬腭

2. 鼻前庭　　鼻前庭是鼻腔前部内衬皮肤的部分，相当于鼻翼所围成的空间，表面有色素沉着，并长有短毛。其内壁有鼻泪管的开口，但常被下鼻骨的延长部所覆盖。马属动物的鼻前庭内（外侧或背侧）可见鼻泪管的开口，但牛和猪的鼻泪管开口靠后，不易见到。马属动物在鼻前庭背侧有一皮肤盲囊伸向后上方，称鼻盲囊。在插胃导管时不要把胃导管插入鼻盲囊内。

3. 固有鼻腔　　位于鼻前庭之后，由骨性鼻腔覆以黏膜构成，是鼻腔的主体部位。在每侧鼻腔侧壁上附有上、下两个纵行的鼻甲，将鼻腔分为上、中、下三个鼻道。上鼻道狭窄，通嗅区；中鼻道通副鼻窦和鼻后孔；下鼻道最宽，直接通鼻后孔，是插胃导管的通道。上、下鼻甲与鼻中隔之间为总鼻道，均与以上三个鼻道相通（图 5-1）。

固有鼻腔内衬黏膜，上皮为假复层纤毛柱状上皮，黏膜内有腺体分泌黏液。黏膜分为呼吸区和嗅区。呼吸区位于鼻前庭和嗅区之间，较大，黏膜为粉红色，含有丰富的血管和腺体，可净化、湿润和温暖吸入的空气。嗅区位于呼吸区之后，由于家畜种类不同，颜色各异，黏膜形成嗅褶，内有嗅细胞，可感觉嗅觉刺激。猫的嗅区黏膜内有 2 亿多个嗅细胞，所以嗅觉特别灵敏。兔的嗅区黏膜也分布有大量嗅觉细胞，对气味有较强的分辨率。

（二）副鼻窦

副鼻窦是鼻腔周围头骨内含气空腔的总称，直接或间接与鼻腔相通，内衬黏膜与鼻腔黏膜相连。当鼻黏膜发炎时，会波及副鼻窦，引起副鼻窦炎。副鼻窦有减轻头骨质量、温暖和湿润空气及对发声产生共鸣等作用。副鼻窦主要有额窦和上颌窦。牛的额窦较大，与角突的腔相通。

二、咽

见消化系统部分。

三、喉

喉是呼吸道的一部分，又是调节气量和发声器官。位于下颌间隙后部，头颈交界处的腹侧，舌骨大支之间。前端以喉口与咽相通，后端与气管相连。喉是以喉软骨为支架，内衬黏膜，外被覆肌肉和外膜构成的短管。

（一）喉软骨和喉肌

1. 喉软骨　　喉软骨包括不成对的会厌软骨、甲状软骨、环状软骨和成对的杓状软骨（图 5-2）。它们借关节和韧带连接起来，共同构成喉的软骨基础。

（1）会厌软骨 位于喉的前部，呈叶片状，基部厚，由弹性软骨构成，借弹性纤维与甲状软骨相连，尖端稍窄而游离，弯向舌根。表面覆盖有黏膜，合称会厌。牛的会厌软骨呈椭圆形，猪的呈圆形，马的呈杨树叶形。

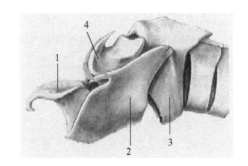

图 5-2 喉软骨
1. 会厌软骨；2. 甲状软骨；3. 环状软骨；4. 杓状软骨

（2）甲状软骨 最大，位于会厌软骨和环状软骨之间，呈弯曲的板状，构成喉腔底壁和两侧壁的大部分，腹侧面后部有一隆凸，称为喉结。

（3）环状软骨 位于甲状软骨之后，呈环状。背侧部宽，其余部分窄。前缘和后缘以弹性纤维分别与甲状软骨和气管软骨相连。

（4）杓状软骨 一对，位于环状软骨的前上方，在甲状软骨侧板的内侧，左、右各一，呈三面锥体形，其尖端弯向后上方，形成喉口的后侧壁。杓状软骨上部较厚，下部变薄，形成声带突，供声韧带附着。喉软骨借助关节和韧带相连。

2. 喉肌 喉肌属于横纹肌，可分为固有肌和外来肌两种。前者可使喉腔扩大或缩小，后者可牵引喉前后移动。

（二）喉腔

喉软骨彼此借软骨、韧带和纤维膜相连，构成喉的支架，内衬黏膜所围成的腔隙，称为喉腔，前端由喉口与咽相通，后端与气管联通。在喉腔中部的侧壁上有一对明显的黏膜褶，称为声带。声带由声韧带敷以黏膜构成，连于杓状软骨声带突和甲状软骨之间，是喉的发声器官。声带将喉腔分为前、后两部分：前部为喉前庭，猪、马、犬和猫喉前庭两侧壁凹陷形成一对后侧室；后部为喉后室。两侧声带之间的狭窄缝隙，称为声门裂，上部较宽，位于左、右杓状软骨之间的为呼吸部；下部狭窄，为左、右声带唇之间的裂隙，为声部。当气流通过声带唇时，声带唇振动即可发声。喉前庭和喉后腔经声门裂相通。

牛、羊的声带较短，声门裂宽大。猪的喉较长，声门裂狭窄。兔的声带不发达。猫喉腔内有前后 2 对皱襞，前后 1 对皱襞为前庭襞，又称假声带，其震动可发出特殊的呼噜声。后 1 对为声襞，与声韧带、声带肌共同构成真正的声带，是猫的发声器官。

（三）喉黏膜

喉黏膜被覆于喉腔的内面，与咽的黏膜相连续，由上皮和固有层构成。上皮有两种：被覆于喉前庭和声带的上皮为复层扁平上皮，在反刍兽、肉食兽和猪会厌的上皮内，还含有味蕾；喉后腔（在马包括喉侧室）的黏膜上皮为假复层纤毛柱状上皮，柱状细胞之间常夹有数量不等的杯状细胞。固有层由结缔组织构成，内含淋巴小结（在反刍兽特别多，马次之，猪和肉食兽较少）和喉腺。喉腺分泌黏液和浆液，有润滑声带的作用。

四、气管和支气管

（一）气管和支气管的形态位置和构造

气管和支气管是连接喉与肺之间的管道。气管是以气管软骨环为支架构成的圆筒状长管。前端与喉相接，向后沿颈腹侧正中线向后伸延，经胸前口进入胸腔，然后经心前纵隔达心基的背侧（在第五、六肋骨间隙处），在心基上方分为左、右支气管，经肺门进入左、右肺。气管软骨环是由透明软骨构成的"C"形，背侧两游离端被弹性纤维膜所封闭，内有平滑肌，可使气管适度收缩和舒张，以调节通气量。相邻气管环借助环韧带相连。气管和支气管是导气部，还有温暖、湿润空气，除尘，共鸣和调节气量等作用。

（二）各种动物气管的特征

牛、羊的气管较短，垂直径大于横径。软骨环缺口游离的两端重叠，形成向背侧突出的气管嵴。气管在分左、右支气管前先分出一较小的右肺尖叶支气管，进入右肺尖叶。

猪的气管呈圆筒状，软骨环缺口游离的两端重叠或相互接触。支气管也有3支，与牛、羊相似。

马的气管由50～60个软骨环连接组成。软骨环背侧两端游离，不相接触，而被弹性纤维膜所封闭。气管横径大于垂直径。

（三）气管的组织结构

气管壁（图5-3）内向外依次由黏膜、黏膜下层和外膜构成。黏膜由上皮和固有层构成。上皮为假复层纤毛柱状上皮，夹有杯状细胞。固有层内有丰富的弹性纤维和淋巴组织等。黏膜下层由疏松结缔组织构成，内含气管腺、血管和神经等。外膜由气管软骨环和结缔组织构成。气管外被覆结缔组织与周围器官相连。

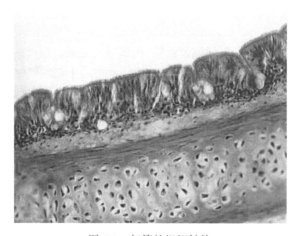

图 5-3　气管的组织结构

任务二　肺的结构观察

【学习目标】

1. 掌握肺的形态、位置和结构特点。
2. 掌握肺的组织结构。
3. 掌握胸腔、胸膜腔的构造。

【常用术语】

心压迹、心切迹、纵隔。

【技能目标】

能区别指认牛（羊）、马、猪肺的结构并说明其特点。

【基本知识】

一、肺的位置和形态

肺位于胸腔内纵隔的两侧，分为左肺和右肺，右肺通常较大（图5-4）。肺表面被覆有肺胸膜，光滑、湿润。健康家畜的肺为粉红色，质地轻软，呈海绵状，富有弹性。

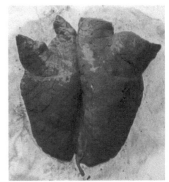

图5-4 猪肺

左、右肺一起呈斜截的圆锥形，锥底朝向后方。每个肺具有三个面和三个缘。三个面：外侧面凸，与胸腔外侧壁接触，称肋面；底面凹，与膈相贴，称膈面；内侧面与纵隔接触称纵隔面，其下部有心压迹，上部有食管和大血管压迹，在心压迹的后上方有肺门。肺门是支气管、肺动脉、肺静脉、支气管动脉和静脉、淋巴管和神经出入的地方。上述这些结构被结缔组织和胸膜包成一束称肺根。三个缘：肺的背侧缘较圆钝，腹侧缘较薄锐，有心切迹，左肺心切迹一般大于右肺心切迹，底缘较薄锐，位于后外侧，伸延于胸外侧壁与膈之间所形成的沟内。

🗐 知识链接 左肺心切迹一般大于右肺心切迹，使心脏左壁在此处外露，左侧心包较多地外露于肺并与左胸壁接触，兽医临床常将左肺心切迹作为心脏听诊部位。

牛、羊、猪、犬、猫、兔的肺的叶间裂较深，分叶都很明显，左肺分为尖叶、心叶和膈叶；右肺分为尖叶、心叶、膈叶和副叶。副叶较小，位于膈叶腹内侧，其中有后腔静脉通过。右肺尖叶又分为前、后两部（图5-5）。

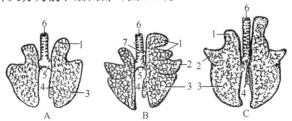

图5-5 家畜肺的分叶模式图
A. 马；B. 牛；C. 猪
1. 尖叶；2. 心叶；3. 膈叶；4. 副叶；5. 支气管；
6. 气管；7. 右尖叶支气管

马的左肺分为尖叶和膈叶，右肺分为尖叶、膈叶和副叶。

此外，犬右肺显著大于左肺，右肺切迹大，呈三角形，右侧心包直接与右胸壁接触。

二、肺的组织结构

肺的表面被覆光滑而湿润的浆膜（肺胸膜），浆膜下的结缔组织伸入肺内，构成肺的间皮，其中有血管、淋巴管和神经等，是肺的支架并能输送营养。肺实质是肺内各级支气管和肺泡。每个细支气管及所属的分支和肺泡构成一个肺小叶，结缔组织伸入肺实质将肺分为许多肺小叶。肺小叶呈多面的锥体形，小叶之间的结缔组织称小叶间结缔组织，内含丰富的血管、神经和淋巴管等。动物小叶性肺炎即肺以肺小叶为单位发生了病变。肺的实质主要由导气部和交换部两部分组成（图 5-6）。

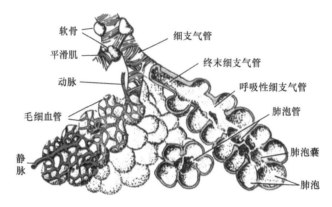

图 5-6　肺小叶模式图

（一）肺的导气部

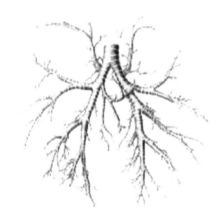

图 5-7　支气管树模式图

导气部包括叶支气管、段支气管、小支气管、细支气管、终末细支气管。支气管进入肺门后反复分支，愈分愈细，形成树枝状的支气管树（图 5-7）。支气管反复分支形成大、中、小各级支气管，小支气管再反复分支，最后至细支气管和终末细支气管。由支气管到终末细支气管是气体进出肺的通道，故称肺的导气部。导气部随支气管分支管径变小，管壁变薄，结构渐趋简单。

1. **叶支气管至小支气管**　管壁结构与支气管相似，分为黏膜、黏膜下层和外膜。上皮为假复层纤毛柱状上皮，杯状细胞数量逐渐变少。固有层渐薄，分布有弥散淋巴组织。固有层外侧的平滑肌逐渐增多，黏膜逐渐出现皱襞。黏膜下层内的气管腺逐渐减少。外膜内的软骨呈片状，并不断减少。

2. **细支气管**　黏膜上皮由假复层纤毛柱状上皮逐渐变为单层纤毛柱状上皮，管壁的三层结构不明显。杯状细胞、软骨片和腺体基本上消失，但仍有零散分布，环形平滑肌相对增多，形成较为完整的一层。

3. **终末细支气管**　黏膜上皮为单层柱状上皮，部分细胞有纤毛。杯状细胞、软骨片和腺体均完全消失，平滑肌出现并逐渐变成连续的环行肌层。

（二）肺的呼吸部

肺的呼吸部包括呼吸性细支气管、肺泡管、肺泡囊和肺泡等（图 5-8）。

1. **呼吸性细支气管**　较短，为终末细支气管的分支，其上皮为单层立方上皮，近肺泡开口处变成单层扁平上皮。固有层极薄，有弹性纤维和散在的平滑肌纤维。呼吸性

细支气管的管壁出现散在的肺泡并开始具
有呼吸功能。

2. **肺泡管**　　是呼吸性细支气管的
分支。管壁上有许多肺泡和肺泡囊的开口，
显微镜下看不见完整的管壁，在相邻肺泡
开口之间，表面为单层立方或扁平上皮，
上皮下有薄层结缔组织和少量的平滑肌。

3. **肺泡囊**　　呈梅花状，为数个肺
泡共同开口的囊泡，与肺泡管相延续。上
皮已全部变为肺泡上皮，平滑肌完全消失。
肺泡管和肺泡囊壁上均布满肺泡的开口。

4. **肺泡**　　呈半球状或多面形薄壁囊

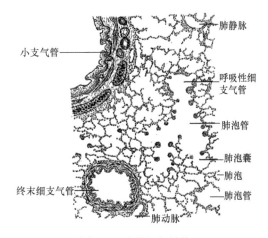

图 5-8　肺的组织结构

泡，开口于肺泡囊、肺泡管和呼吸性细支气管，是气体交换的场所，与相邻肺泡的肺泡
壁相贴形成肺泡膈。肺泡壁很薄，由单层扁平上皮和基膜构成。肺泡上皮由 I 型和 II 型
两种肺泡细胞共同组成。I 型细胞为扁平细胞，表面光滑，核扁圆，参与构成血-气屏障，
是构成肺泡上皮的主要部分，覆盖肺泡表面的 95%。II 型细胞位于 I 型细胞之间，胞体
较小，呈圆形或立方形，具有分泌功能，为分泌细胞。II 型细胞能分泌表面活性物质，
可降低肺泡表面张力，防止肺泡塌陷或过度扩张，起到稳定肺泡直径的作用。此外，II
型细胞还具有分化、增殖潜能，可分化为 I 型细胞。

5. **肺泡膈**　　相邻肺泡之间的薄层结缔组织，含有丰富的毛细血管网、弹性纤维、
成纤维细胞和巨噬细胞等。毛细血管网参与血液与肺泡之间的气体交换；弹性纤维有助
于保持肺泡的弹性，有利于肺泡扩张后的回缩；肺巨噬细胞可游走入肺泡腔内，能吞噬
吸入的灰尘、细菌、异物及渗出的红细胞等，吞入了大量尘粒后的巨噬细胞又称尘细胞。
吞噬异物后的巨噬细胞，可游走到导气部，随呼吸道分泌物排出，也可进入肺门淋巴结
或沉积于肺间质内。

6. **肺泡孔**　　相邻肺泡之间有小孔，它是肺泡间气体通路，一个肺泡可有 1 至数个
肺泡孔。当细支气管堵塞时，可通过肺泡孔与邻近肺泡建立侧支通气，有利于气体交换。

7. **血-气屏障**　　又称呼吸膜，是肺泡与血液之间进行气体交换时必须透过的结构，
由肺泡上皮、上皮的基膜、毛细血管内皮细胞的基膜和毛细血管内皮等 4 层结构组成。
膜的厚度仅 0.2～0.5μm，有利于气体交换。

三、胸膜和纵隔

胸膜是一层由间皮和间皮下结缔组织形成的浆膜，分别覆盖在肺的外表面和衬贴于
胸壁的内表面。前者称为胸膜脏层或肺胸膜，后者称为胸膜壁层。胸膜壁层贴于胸腔侧
壁的部分称为肋胸膜，贴于膈的胸腔面的部分称为膈胸膜，参与形成纵隔的称为纵隔胸
膜。胸膜的脏层和壁层在肺根处互相移行，围成左、右密闭的胸膜腔，腔内有少量浆液，
可减少在呼吸时两层胸膜间的摩擦。胸膜发炎时，胸膜出现大量渗出液——胸水，或者
胸膜壁层与脏层间发生粘连，均影响动物的呼吸运动。

纵隔是两侧的纵隔胸膜及其之间的所有器官和组织的总称。纵隔位于胸腔正中，左、

右胸膜腔之间，除马属动物外，其他动物左、右胸膜腔一般互不相通。纵隔内含有胸腺、心脏、心包、食管、气管、大血管、淋巴结、胸导管及神经等。

知识链接　马属动物的左、右胸膜腔间较薄，死亡后常见有小的孔道相通。而牛、羊的胸膜腔之间无通道，一侧发生气胸，另一侧肺仍可正常进行工作。

【复习思考题】

1. 组成牛呼吸系统各器官的名称和作用是什么?
2. 喉软骨包括哪几块?
3. 比较牛、猪、羊、马肺的分叶情况。
4. 简述牛肺的位置、形态。
5. 简述胸膜的概念和分部。

（潘素敏　张　燚）

项目六　泌尿系统器官观察识别

泌尿系统是体内重要的排泄系统，由肾、输尿管、膀胱和尿道组成。肾是生成尿液的器官，输尿管为输送尿入膀胱的管道，膀胱为暂时贮存尿液的器官，尿道是排出尿液的通道。畜体在新陈代谢过程中产生许多代谢产物，如尿素、尿酸和多余的水分及无机盐类等，由血液带到肾，在肾内形成尿液，经尿道排出体外。

任务一　肾的结构观察

【学习目标】

1. 了解肾的类型，熟悉各种家畜肾的形态和位置。
2. 比较牛、马、猪等家畜肾的结构特点。
3. 掌握家畜肾的组织结构。

【常用术语】

肾门、肾盂、肾盏、皮质、髓质、肾单位、肾小管、肾小体。

【技能目标】

1. 在肾的纵切面上正确指认牛（羊）、马、猪肾的结构并说出其特点。
2. 在显微镜下指认肾的组织结构。

【基本知识】

一、肾的形态位置

肾左、右各一，形似蚕豆，新鲜时为红褐色，位于最后几个胸椎和前3个腰椎腹侧、腹主动脉和后腔静脉两侧的腹膜下。肾的外面包裹有肾脂肪囊，其发达程度与动物品系和营养状况有关。肾的内侧缘凹陷，称为肾门，是肾的血管、淋巴管、神经和输尿管出入的地方。肾门深入肾内形成肾窦，是由肾实质围成的腔隙，以容纳肾盏和肾盂。

二、各种家畜肾的位置和形态观察

肾由许多肾叶构成，哺乳动物的肾，根据其外形和内部结构的不同，可分为平滑单乳头肾、平滑多乳头肾、有沟多乳头肾和复肾4种类型。

（一）牛肾

牛肾（图6-1）属于有沟多乳头肾。肾叶大部分融合在一起，肾的表面有沟，肾乳头单个存在。肾盏与肾乳头相对，收集由乳头孔流出的尿液，肾盏汇合为前、后两条集收

管（图6-2），进而汇合为1条输尿管。牛无明显的肾盂。

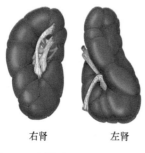

右肾 左肾

图 6-1 牛肾（Dyce et al., 2010）

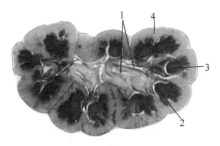

图 6-2 牛肾切面结构（Dyce et al., 2010）
1. 集收管；2. 肾小盏；3. 肾乳头；4. 肾皮质

一般成年牛的肾重600～700g，左肾略大于右肾。左、右肾的形态位置因年龄而有差异。右肾呈上、下压扁的椭圆形，位于右侧最后肋间隙上部至第2、3腰椎横突的腹侧。前端位于肝的肾压迹内，肾门位于肾腹侧面近内侧缘的前部。左肾略呈三棱形，前部小，后部大而钝圆。肾门位于背侧面的前外侧部。左肾的位置不固定，一般位于第3～5腰椎横突腹侧。当瘤胃充满时，被挤到正中矢面的右侧；瘤胃空虚时，则大部分回到正中矢面左侧。

初生牛犊因瘤胃还不发达，左、右肾的位置近于对称，以后随瘤胃逐渐发育增大而将左肾挤到右后方。

（二）猪肾

猪肾（图6-3）属于平滑多乳头肾。肾叶的皮质部完全合并，但肾乳头仍单独存在。每个肾乳头与一个肾小盏相对，肾小盏汇入两个肾大盏，后者汇成肾盂，接输尿管（图6-4）。

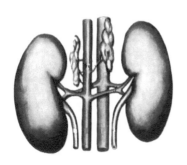

图 6-3 猪肾

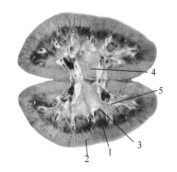

图 6-4 猪肾切面结构（Dyce et al., 2010）
1. 肾乳头；2. 肾皮质；3. 肾小盏；
4. 肾盂；5. 肾大盏

猪左、右肾呈豆形，较长扁，两端略扁。成年猪肾平均重200～250g，两肾几乎相等。两肾位置对称，均位于最后胸椎和前3个腰椎横突腹面两侧。

（三）马肾

马肾（图6-5）属于平滑单乳头肾，不仅肾叶之间的皮质部完全合并，相邻肾叶间髓质之间也完全合并，肾乳头合并成峰状的总乳头，直接与漏斗状的肾盂相对。肾盂向肾的两端伸延形成一狭长的盲管，称为终隐窝。乳头管开口于肾盂或在肾的两端开口于终隐窝。

成年马肾平均重 700g，左、右肾分别位于体中线两侧，但位置不对称，形态也不相同。右肾略大，位置靠前，呈三角形，位于最后 2、3 肋骨椎骨端和第 1 腰椎横突腹侧。左肾呈豆形，位置偏后，位于最后肋骨椎骨端和第 1~3 腰椎横突腹侧。

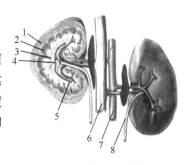

图 6-5 马肾切面结构
1. 肾皮质；2. 中间区；3. 肾髓质；
4. 肾盂；5. 末端终隐窝；6. 肾静脉；
7. 肾动脉；8. 输尿管

（四）羊肾

羊肾为平滑单乳头肾，肾乳头集合为总乳头，除在中央纵轴为肾总乳头突入肾盂外，在总乳头两侧尚有多个肾嵴。肾盂除有中央的腔外，还在两侧形成相应的隐窝。

羊左、右肾均呈豆形，每个肾平均重约 120g。右肾靠前，位置比较固定，一般位于最后肋骨至第 2 腰椎横突腹侧，前端伸入肝的肾压迹内。左肾靠后，位置变化较大，当瘤胃空虚时，左肾位置相当于第 2~4 腰椎椎体腹侧；但瘤胃充满食物时，左肾可被推至体中线右侧，并向后移，其前端约与右肾后端相对应。

（五）犬肾

犬肾为平滑单乳头肾，左、右肾均呈豆形，平均重 50~60g。右肾靠前，位置比较固定，一般位于前三个腰椎横突腹侧，其前端与肝的肾压迹相接。左肾靠后，位置变化较大，当胃空虚时，左肾位置相当于第 2~4 腰椎椎体腹侧；但胃充满食物时，左肾向后移，其前端约与右肾后端相对应。

三、肾的组织结构

肾是实质性器官，外被覆被膜，被膜向肾实质伸入形成间质。实质包括位于外周的皮质和内部的髓质。

1. 被膜 被膜由致密结缔组织构成，通常将肾的被膜分为三层，由内向外依次为纤维囊、脂肪囊和肾筋膜。纤维囊包裹在肾实质表面，薄而坚韧。健康动物肾的纤维囊容易剥离，但在某些病变时，与肾实质粘连，则不易剥离。脂肪囊位于纤维囊的外周、包裹肾的脂肪层，肾的边缘部脂肪丰富，并经肾门进入肾窦。肾筋膜位于脂肪囊的外面，由腹膜外结缔组织发育而来，包被在肾上腺和肾的周围，由它发出一些结缔组织穿过脂肪囊与纤维囊相连，有固定肾的作用。

2. 实质 肾的实质由若干个肾叶组成，每个肾叶分为浅部的皮质和深部的髓质。皮质富有血管，故新鲜标本呈红褐色。切面上有许多细小颗粒状小体，称肾小体。髓质位于皮质的深部，血管较少，由许多平行排列的肾小管组成，呈淡红色的条纹状。呈圆锥形的髓质部称肾锥体。肾锥体的顶部钝圆称肾乳头，乳头上有许多乳头孔。肾乳头突入肾窦内的肾小盏，几个肾小盏汇合形成肾大盏，几个肾大盏又汇合形成集合管或肾盂。肾盂和集合管壁薄，呈扁平漏斗状，出肾门时逐渐变细移行为输尿管。

肾叶由肾单位和集合管系组成。肾单位是肾的结构和功能的基本单位，由肾小体和肾小管组成。

（1）肾单位

1）肾小体：肾小体分布于皮质内，由肾小球和肾小囊组成。肾小球是位于肾小囊之中，由入球小动脉进入肾小囊后，反复分支、盘曲、缠绕而形成的毛细血管球。肾小球的毛细血管又渐渐汇集成出球小动脉，离开肾小囊。这种结构使肾小球内的血压很高。肾小囊是肾小管起始端膨大部分，包在肾小球的外面。其囊壁分内、外两层，两层之间有狭窄的空隙，称为囊腔。囊腔与肾小管的管腔相通。囊腔壁层（外层）与肾小管壁相连，脏层（内层）紧贴肾小球毛细血管壁（图6-6）。

2）肾小管：肾小管是起始于肾小囊的一条细长而弯曲的小管，末端与集合管相连。肾小管依次分为近曲小管、髓袢降支、髓袢升支和远曲小管。肾小管各段管壁都是单层上皮。

（2）集合管系　　集合管系包括集合管和乳头管。集合管由许多远曲小管汇集而成，自皮质直入髓质。集合管管壁为单层上皮。集合管在肾乳头内汇集成乳头管。乳头管末端管壁为变移上皮。乳头管开口于肾乳头或肾总乳头上。

3. 肾的血液循环　　肾动脉经肾门入肾，分为若干叶间动脉。叶间动脉在皮质和髓质交界处形成弓形动脉。弓形动脉分支成许多直行的小叶间动脉。小叶间动脉分支成入球小动脉，进入肾小囊形成毛细血管球，然后汇集成出球小动脉，离开肾小囊。出球小动脉再分支成皮质和髓质毛细血管网，分布于皮质和髓质的肾小管周围，然后逐渐汇集成小叶间静脉。小叶间静脉再逐渐汇集成弓形静脉、叶间静脉、肾静脉后，由肾门出肾回到后腔静脉（图6-7）。

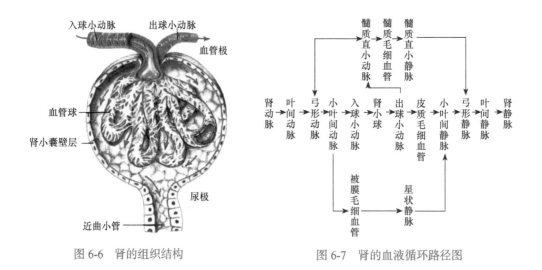

图6-6　肾的组织结构　　　　　　　　　　　图6-7　肾的血液循环路径图

任务二　排尿管道的观察

【学习目标】

了解膀胱的形态、位置和组织结构。

【常用术语】

输尿管、膀胱、尿道。

【技能目标】

1. 在肾的纵切面上正确指认牛（羊）、马、猪肾的结构特点。
2. 在显微镜下指认肾脏的组织结构。

【基本知识】

一、输尿管

输尿管左右各一，为一对细长的肌膜性管道。牛的起自于两条集收管，马、猪和羊的输尿管起自肾盂。输尿管自肾门出肾后，沿腹腔顶壁向后延伸，横过髂内动脉的腹侧进入盆腔，行于公畜的尿生殖褶中或母畜的子宫阔韧带内，向后伸达膀胱颈的背侧，斜向穿入膀胱壁，在膀胱壁内斜行 3～5cm，开口于膀胱内壁的黏膜面上。这种结构可以保证在尿液充满膀胱时，壁内这段输尿管因受压闭合，防止尿液逆流回输尿管，但并不妨碍输尿管蠕动时将尿液继续送入膀胱。

输尿管壁由黏膜、肌层和外膜三层构成。黏膜常形成许多皱褶，黏膜上皮为变移上皮。肌层较发达，由平滑肌构成，可分为内纵行、中环行和薄而分散的外纵行肌层。外膜为浆膜，内有血管和神经。

二、膀胱

膀胱是暂时贮存尿液的器官，略呈梨形。膀胱的形态、大小及位置随含尿量多少而改变。当膀胱空虚或尿液少时，位于盆腔前部的腹侧；尿液充满时膀胱的前半部分可突入腹腔。公畜的膀胱位于直肠、生殖褶及精囊腺的腹侧；母畜的膀胱位于子宫的后部及阴道的腹侧。

胎儿时期或初生幼畜，膀胱主要位于腹腔，呈细长的囊状，其顶端伸达脐孔，并经此孔与尿囊相连通，以后逐渐缩入盆腔内。

膀胱由黏膜、黏膜下层、肌层和浆膜4层构成。黏膜上皮为移行上皮，当膀胱收缩时，黏膜形成许多皱褶，近膀胱颈部（膀胱后端逐渐变细处）背侧有一三角区，称为膀胱三角。肌层由内纵、中环、外纵3层平滑肌组成。中环行肌厚，在膀胱颈部形成膀胱内括约肌。在膀胱顶（膀胱正前端）和膀胱体部覆以浆膜，膀胱颈部仅覆以结缔组织外膜。

膀胱表面的浆膜从膀胱体折转到邻近的器官和盆腔壁上，形成一些浆膜褶，起固定膀胱的作用。膀胱背侧的浆膜，母畜折转到子宫上，公畜折转到生殖褶上。膀胱腹侧的浆膜褶沿正中矢面与盆腔底壁相连，形成膀胱中韧带。膀胱两侧壁的浆膜褶与盆腔侧壁相连，形成膀胱侧韧带。膀胱的位置由膀胱中韧带和两侧的膀胱侧韧带固定。在膀胱侧韧带的游离缘内含有一索状物，称膀胱圆韧带，是胎儿时期脐动脉的遗迹。

三、尿道

尿道是尿液排出的肌膜性管道。起于膀胱颈的尿道内口，后段并入生殖道中。公畜

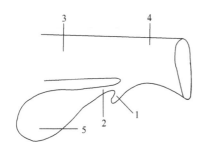

图 6-8　母牛尿道憩室位置示意图
1. 尿道憩室；2. 尿道；3. 阴道；
4. 尿生殖道前庭；5. 膀胱

尿道外口在阴茎头的尿道突上，因而整个尿道细长而弯曲。公畜的尿道除有排尿功能外，还兼有排精的作用，故又称为尿生殖道。依其所在位置，分为骨盆部和阴茎部（详见项目七的公畜生殖系统）。

母畜尿道外口开口于尿生殖前庭内的前端底壁，整个尿道比较宽短。母牛的尿道长 10～13cm，尿道外口呈横的缝状，其腹侧面有一宽、深 1～2cm 的盲囊，称尿道下憩室（图 6-8）。临床给牛导尿时应避免将导尿管插入尿道下憩室内。

【复习思考题】

1. 家畜泌尿系统由哪些器官组成？
2. 牛、马、猪肾在位置、形态和结构上各有什么特点？
3. 用解剖学的观点，说明为什么在临床上公畜导尿要比母畜导尿难。

（潘素敏）

生殖系统器官观察识别

生殖系统包括雄性生殖器官和雌性生殖器官。其主要功能是产生生殖细胞（精子或卵子），繁殖新个体，使种族得到延续。此外，还分泌性激素，影响生殖器官的生理活动，并对促进动物第二性征的出现和维持第二性征都具有重要作用。

任务一　公畜生殖器官的观察

【学习目标】

1. 掌握公畜生殖系统的组成。
2. 掌握牛、马、猪睾丸的形态位置和结构特点。

【常用术语】

睾丸、附睾、输精管、阴囊、尿生殖道。

【技能目标】

在家畜睾丸和卵巢的纵切面上，能说出各部分名称。

【基本知识】

雄性生殖器官由睾丸、附睾、阴囊、输精管、精索、副性腺、尿生殖道、阴茎和包皮所组成（图 7-1，图 7-2）。

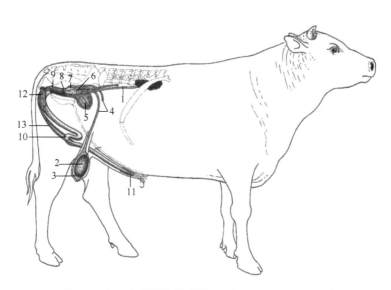

图 7-1　公牛生殖器官模式图（一）（Dyce et al., 2010）

1. 输尿管；2. 右侧睾丸；3. 附睾；4. 输精管；5. 膀胱；6. 精囊腺；7. 输精管壶腹；8. 前列腺；
9. 尿道球腺；10. 阴茎乙状弯曲部；11. 阴茎头；12. 坐骨海绵体肌；13. 阴茎牵拉韧带

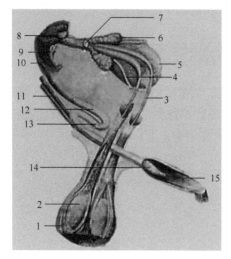

图 7-2　公牛生殖器官模式图（二）

1. 阴囊；2. 睾丸；3. 输精管；4. 输尿管；5. 膀胱；
6. 精囊腺；7. 前列腺；8. 尿道球腺；9. 坐骨海绵体肌；
10. 球海绵体肌；11. 阴茎缩肌；12. 阴茎；
13. 乙状弯曲；14. 阴茎头；15. 包皮

一、睾丸和附睾的形态和位置观察

睾丸是成对的实质性器官，呈卵圆形，位于阴囊内。一侧与附睾相连，称附睾尾；另一侧为游离缘。血管出入的一端为睾丸头，睾丸头与附睾头相连；另一端为睾丸尾，与附睾尾相连。睾丸是公畜的生殖腺，主要产生精子和分泌雄性激素。雄性激素能维持并促进生殖器官和雄性特征的发育及副性腺的分泌活动，使公畜产生性欲，并能维持和延长精子在睾丸内的存活时间。

在胚胎时期，睾丸位于腹腔内，在肾的附近。胎儿出生前后，睾丸和附睾一起经腹股沟管下降至阴囊内。若胎儿在出生后，一侧或两侧睾丸仍留在腹腔内，称单睾或隐睾症，这种公畜生殖能力低下或没有生殖能力，不能留作种用。

附睾分为附睾头、附睾体和附睾尾三个部分，是精子进一步成熟和贮存的地方。附睾头主要由睾丸输出管构成。输出管汇合成一条长而弯曲的附睾管，其盘曲成附睾体和附睾尾。在附睾尾处管径增大，最后延续为输精管。附睾尾借附睾韧带（或称睾丸固有韧带，是睾丸系膜增厚的部分）与睾丸尾相连。附睾韧带是由附睾尾延续到阴囊总鞘膜的部分。做去势手术时，切开阴囊后，必须切断阴囊韧带和睾丸系膜后，方能摘除睾丸和附睾。

> 🧊 **知识链接**　附睾的温度低，其分泌物呈弱酸性，能使精子保持半休眠状态，以减少能量消耗，使精子存活的时间较长。在附睾内停留两个月的精子仍有受精能力。若停留时间过久，即死亡而被吸收。

1. 牛睾丸和附睾的主要特征　牛（羊）的睾丸较大，呈长椭圆形，睾丸头向上，与附睾头相接，睾丸尾向下，以睾丸固有韧带与附睾尾相连。附睾附着在睾丸的后面，附睾尾向下，以阴囊韧带与阴囊相连（图 7-3）。

2. 猪睾丸和附睾的主要特征　猪的睾丸很发达，呈椭圆形，位于会阴部，纵轴斜向后上方，睾丸头位于前下方，尾端向后上方。附睾很发达，位于睾丸前上方偏外侧。附睾头位于睾丸头的前下端，附睾尾呈大圆锥状突向后方，附睾尾直接和输精管相通。

3. 马睾丸和附睾的主要特征　马的睾丸呈椭圆形，长轴呈水平状，头端向前，尾端向后。附睾附着在睾丸的背外侧。

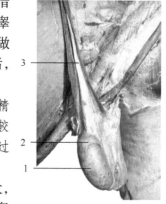

图 7-3　牛的睾丸
（Dyce et al., 2010）

1. 睾丸；2. 阴囊；
3. 阴茎牵引韧带

二、睾丸和附睾的组织结构

睾丸的结构包括被膜和实质两部分（图7-4）。

1. 被膜　除附睾缘和附睾借结缔组织连接外，睾丸的外面均有一层光滑的浆膜，即睾丸固有鞘膜，其下面是一层由致密结缔组织组成的白膜。白膜由睾丸的头端伸向尾端，形成睾丸纵隔。马的睾丸纵隔只局限在睾丸头，其他家畜的睾丸纵隔贯穿睾丸长轴。纵隔结缔组织分出睾丸小隔，将睾丸实质分出许多锥形的睾丸小叶。牛、羊的睾丸小隔薄而不完整，肉食动物、猪和马的睾丸小隔较发达。

2. 实质　睾丸实质由精小管、睾丸网和间质组织构成。在每个睾丸小叶内，有2～3条长而卷曲的曲精小管，曲精小管上皮产生精子；曲精小管之间含有间质组织，内有间质细胞。间质细胞分泌雄性激素。曲精小管延续为直精小管，直精小管进入睾丸纵隔内相互吻合成睾丸网。睾丸网在睾丸头处汇合成睾丸输出小管，穿出睾丸形成附睾头（图7-5）。

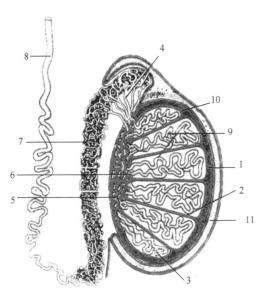

图7-4　睾丸和附睾的结构

1, 10. 白膜；2. 睾丸小隔；3. 精曲小管；4. 输出小管；
5. 附睾管；6. 直精小管；7. 附睾头；8. 输精管；
9. 睾丸小叶；11. 鞘膜腔

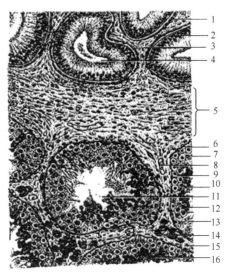

图7-5　睾丸切片（高倍）

1. 平滑肌；2. 纤毛柱状上皮；3. 结缔组织；
4. 睾丸网；5. 白膜；6. 基膜；7. 支持细胞；
8. 血管；9. 精原细胞；10. 初级精母细胞；
11. 曲精小管；12. 精细胞；13. 精子；
14. 间质细胞；15. 结缔组织；16. 次级精母细胞

（1）曲精小管　管外被覆有基膜及结缔组织，管壁由多层细胞构成。细胞分两种，一种是支持细胞，另一种是生精细胞。

1）支持细胞：支持细胞分散于生精细胞之间，较高而呈不规则的柱状，细胞核大，呈卵圆形，有明显的核仁。支持细胞有支持和营养各级生精细胞的机能，故也称营养细胞。

2）各级生精细胞：各级生精细胞包括精原细胞、初级精母细胞、次级精母细胞、精子细胞和精子。

精原细胞：位于基膜上，细胞体积较小，为圆形或卵圆形，有圆而大的胞核，染色深。最后分裂成初级精母细胞。

初级精母细胞：位于精原细胞的内层。细胞体积特别大，胞核很大，有丝分裂后，形成次级精母细胞。

次级精母细胞：位于初级精母细胞的内层，细胞体积较小，因为很快进行分裂，成为精子细胞，故存在的时间很短。

精子细胞：位于最内层，细胞体积最小，呈圆形，核圆而小，染色深，有清晰的核仁，精子细胞不再分裂。

精子：细胞经过一系列复杂的形态变化，最后形成蝌蚪状的精子，常成群附着于支持细胞的游离端，尾部朝向管腔。

（2）间质组织　　间质组织为曲精小管之间的疏松结缔组织，内有血管、淋巴管、神经及间质细胞等。间质细胞分布于毛细血管附近，细胞较大，呈圆形、卵形或多边形，核大且圆，偏于细胞一侧。间质细胞分泌雄性激素。

三、输精管和精索

（一）输精管

输精管是附睾管的延续，是输送精子的管道。管壁厚而硬，呈索状，由附睾尾起始进入精索后缘内侧的输精管中，经腹股沟管上行进入腹腔，然后折转上行进入盆腔，在膀胱背侧形成输精管膨大部，称为输精管壶腹，末端与精囊腺导管汇合成射精管，开口于尿道起始部背侧壁的精阜上。

牛、羊的输精管壶腹较小，马属动物的输精管壶腹最大，猪无输精管壶腹。

（二）精索

精索为一扁平的圆锥状结构，其基部附着于睾丸和附睾上，顶端为腹股沟管内口（腹环）。索内含有睾丸动脉、静脉、神经、淋巴管、提睾内肌和输精管，外面包有固有鞘膜，并借睾丸系膜固定在总鞘膜的后壁。

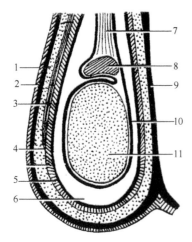

图 7-6　阴囊结构模式图

1. 阴囊皮肤；2. 肉膜；3. 精索外筋膜；
4. 提睾肌；5. 总鞘膜；6. 鞘膜腔；
7. 精索；8. 附睾；9. 阴囊中隔；
10. 固有膜；11. 睾丸

四、阴囊

阴囊借助腹股沟管与腹膜腔相通，相当于腹腔的突出部，容纳睾丸、附睾及部分精索。阴囊的位置、形态因动物而异。牛（羊）和马属动物阴囊位于两股之间，猪的位于股后面、肛门腹侧。阴囊壁的结构与腹壁相似，由外向内依次为阴囊皮肤、肉膜、阴囊筋膜和鞘膜（图 7-6）。

（一）阴囊皮肤

阴囊皮肤较薄，被覆稀而短的细毛，其表面正中线上有一阴囊缝，是阴囊中隔的位置。阴囊皮肤内含有大量的汗腺和皮脂腺。

（二）肉膜

肉膜紧贴皮肤，较厚，相当于皮肤的浅筋膜，由结缔组织和平滑肌组成。肉膜在阴囊内形成阴囊中隔，将阴囊分成左、右互不相通的两个腔。

（三）阴囊筋膜

阴囊筋膜位于肉膜深面，较发达，由腹壁深筋膜和腹外斜肌的腱膜延伸而来，借疏松结缔组织将肉膜和总鞘膜及夹于两者之间的提睾肌连接起来。

（四）鞘膜

鞘膜包括总鞘膜和固有鞘膜。总鞘膜位于阴囊的最内层，由腹膜壁层延伸而来。总鞘膜折转而覆盖于睾丸和附睾上，称为固有鞘膜。在总鞘膜和固有鞘膜之间形成鞘膜腔，腔内有少量浆液。鞘膜腔的上端细窄，形成鞘膜管，通过腹股沟管以鞘膜管口或鞘膜环与腹膜腔相通。

当鞘膜管口较大时，腹腔内的小肠及肠系膜可脱入鞘膜管或鞘膜腔内，形成腹股沟疝或阴囊疝，须通过手术进行整复。

五、尿生殖道

公畜的尿道兼有排精作用，故称尿生殖道。其可分为骨盆部和阴茎部（海绵体部）。骨盆部为位于盆腔内的部分，起自膀胱颈，在直肠和骨盆底壁之间向后行，至骨盆后缘绕过坐骨弓移行为阴茎部，在坐骨弓处变窄，称尿道峡。阴茎部沿阴茎腹侧的尿道沟，向前延伸到阴茎头末端，以尿道外口通向体外。

六、副性腺

家畜的副性腺包括精囊腺、前列腺和尿道球腺（图7-7）。其分泌物与输精管壶腹腺体的分泌物一起参与构成精液，具有稀释精子、改善阴道内环境等作用，有利于精子的生存和运动。

（一）精囊腺

精囊腺为1对，左右各1，位于膀胱颈背侧的尿生殖道褶中，在输精管壶腹部的外侧，贴于直肠腹侧面。每侧精囊腺导管与同侧输精管共同开口于尿生殖道背侧壁的精阜。

牛的精囊腺较发达，呈分叶状腺体，左右侧腺体常不对称。马的精囊腺呈囊状。猪的最发达，呈梭形三面体，由许多腺小叶组成。

（二）前列腺

前列腺位于尿生殖道起始部背侧，以多数小孔开口于精阜周围。牛的前列腺分为腺体部和扩散部（羊无腺体部，仅有扩散部），腺体部很小，位于尿生殖道壁内黏膜层。马的前列腺发达（无扩散部），

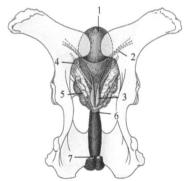

图 7-7 公牛泌尿生殖器官（背侧观）
（Dyce et al., 2010）

1. 膀胱；2. 右侧输精管；3. 输精管壶腹部；
4. 左侧输尿管；5. 精囊腺；6. 前列腺；
7. 尿道球腺

由左、右两侧腺叶和中间的峡部构成。猪的前列腺也包括腺体部和扩散部。前列腺因年龄而有变化，幼龄时较小，到性成熟期较大，老龄时又逐渐退化。

（三）尿道球腺

尿道球腺位于尿道盆部后端的背外侧，左右成对，略呈圆形，体积较小。每侧腺体

以一条输出管开口于尿生殖道峡部背侧的半月状黏膜褶内。

副性腺的分泌物输送到尿生殖道内与精子混合共同构成精液。凡是幼龄去势的家畜，所有副性腺都不能正常发育。

七、阴茎和包皮

（一）阴茎

阴茎是公畜的交配器官，平时柔软，隐藏在包皮内，交配时勃起、伸长并变粗变硬。阴茎位于腹壁之下，起自坐骨弓，经左、右股部之间向前延伸至脐部附近。阴茎可分为阴茎根、阴茎体和阴茎头三部分。

牛、羊的阴茎呈圆柱状，较细而长，阴茎体在阴囊的后方褶成乙状弯曲，勃起时则伸直。阴茎头自左向右扭转，尿生殖道外口位于阴茎头前端的尿道突上。公羊尿道突长3～4cm，突出于阴茎头之前。绵羊的呈弯曲状；山羊的稍短而直（图7-8）。

马的阴茎粗大，呈左右稍扁的圆柱状，阴茎头因海绵体发达而膨大为龟头，呈圆锥状，基部稍隆起，形成龟头冠。在龟头前端的腹侧有一凹入的龟头窝，窝内有一短的尿道突，尿生殖道外口开口于其上。

猪的阴茎与牛的相似，但乙状弯曲在阴囊的前方。阴茎头呈螺旋状扭转；尿生殖道外口呈裂隙状，位于阴茎头前端腹外侧。

阴茎内有阴茎海绵体，位于尿道的背侧，占据阴茎横断面的大部分。尿道海绵体位于尿道周围（图7-9）。阴茎勃起时，海绵体血窦内充满血液，使阴茎变硬和伸长。马的阴茎海绵体较发达。

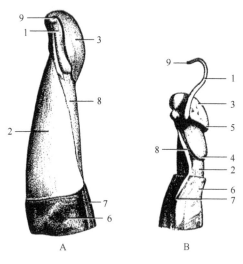

图7-8 公牛（A）与公羊（B）阴茎前端

1. 尿道突；2. 阴茎颈；3. 阴茎帽；4. 尿道海绵体结节；5. 阴茎头冠；6. 包皮；7. 包皮缝；8. 阴茎缝；9. 尿道外口

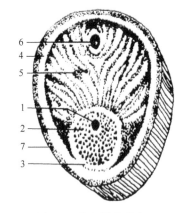

图7-9 公牛阴茎的断面

1. 尿生殖道；2. 尿道海绵体；3. 尿道白膜；4. 阴茎白膜；5. 阴茎海绵体；6. 阴茎海绵体血管；7. 阴茎筋膜

（二）包皮

包皮是由皮肤折转而形成的管状鞘，以保护阴茎头。马的包皮为双层皮肤套，称内、外包皮褶，勃起时可以展平。牛、羊的包皮长而狭窄，呈囊状，包皮口在起部稍后方，周围有长毛。猪的包皮呈管状，包皮口周围也有长毛，腔内常有腐败的脱落上皮及尿液，具有特殊的臭味。

八、各种公畜生殖器官的构造特点

1. 公羊、公牛　　睾丸较大，呈长椭圆形，长轴与身体长轴方向垂直，睾丸头位于上方，附睾位于后方。牛的精囊腺是一对实质性的分叶腺，前列腺分为扩散部和体部，体部小，扩散部发达。阴茎长而细，呈圆柱状，全长90cm，直径3cm，阴茎体在阴囊的后方形成乙状弯曲，勃起时伸直，阴茎头呈扭转状。公羊与公牛基本相似，但阴茎头端有细而长的尿道突。包皮长而窄，包着阴茎头。

2. 公猪　　睾丸很大，椭圆形，靠近肛门下方，阴囊的长轴斜向前下方，睾丸头位于前下方，附睾位于睾丸的前上方。阴囊与周围皮肤界线不明显，输精管无壶腹部，副性腺特别发达，射精量很大，精囊腺特别发达，尿道球腺呈现圆柱状。阴茎与公牛相似但乙状弯曲在阴囊的前方（由于阴囊位置靠后），尿道外口呈一裂隙状口。包皮口很窄，周围生有硬毛，包皮腔很长，前宽后窄，前部背侧壁有一圆口通入一卵圆形盲囊，称包皮憩室。其内常有聚积的余尿和腐败脱落的上皮，具有特殊腥臭味。

任务二　母畜生殖器官的观察

【学习目标】

1. 掌握母畜生殖系统的组成。
2. 掌握牛、马、猪子宫的形态位置和结构特点。

【常用术语】

卵巢、输卵管、子宫、阴道。

【技能目标】

能够区分牛、马、猪、羊的子宫并说明其形态特点。

【基本知识】

雌性生殖器官由卵巢、输卵管、子宫、阴道、尿生殖前庭和阴门组成（图7-10），其中的卵巢、输卵管、子宫和阴道为内生殖器官，尿生殖前庭和阴门为外生殖器官。

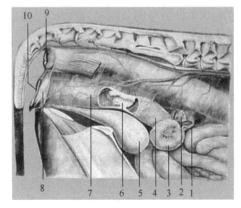

图7-10　母牛生殖器官位置关系（右侧观）
1. 输卵管；2. 卵巢；3. 子宫角；4. 子宫体；
5. 膀胱；6. 子宫颈；7. 阴道；8. 尿生殖前庭；
9. 肛门；10. 阴门

一、卵巢

卵巢是产生卵子和分泌雌性激素的器官，以促进其他生殖器官及乳腺的发育。

（一）卵巢的形态与位置

卵巢的形态和大小因畜种、个体、年龄及性周期而异。卵巢由卵巢系膜悬吊在腹腔的腰部，在肾的后下方或骨盆腔前口的两侧，后端以卵巢固有韧带与子宫角相连，前端接输卵管伞。背侧缘为卵巢系膜缘，分布于卵巢的血管、神经和淋巴管随卵巢系膜出入卵巢，此处称为卵巢门。腹侧缘为游离缘。

1. 牛（羊）的卵巢   一般位于盆腔前口的两侧，在子宫角末端的上方。未怀过孕的母牛卵巢多位于骨盆腔内，经产母牛的卵巢稍坠向前下方，多位于腹腔内，在耻骨前缘的前下方。成年牛的卵巢呈稍扁的椭圆形，通常右侧稍大于左侧，平均长为 3.7cm，厚1.5cm，宽 2.5cm。羊的较圆，较小，长约 1.5cm，宽 1～1.8cm。性成熟后，成熟的卵泡和黄体可突出于卵巢表面。

2. 猪的卵巢   猪的卵巢一般较大，呈卵圆形，其位置、形状和大小因年龄不同而有明显差异。4 月龄前未成熟的小母猪，卵巢较小，约为 0.5cm×0.4cm，表面光滑，颜色淡红，位于荐骨岬两旁稍后方，在腰小肌附近，或在骨盆前口两侧的上部。卵巢呈豆形，左卵巢较大。5～6 月龄接近性成熟时，卵巢表面有突出的小卵泡而呈桑葚状，大小约为2cm×1.5cm。位置稍下垂前移，位于第 6 腰椎前缘或髋结节前端的断面处的腰下部。性成熟后及经产母猪，卵巢长 3～5cm，表面因有卵泡、黄体突出而呈结节状。卵巢位于髋结节前缘 4cm 的断面上，或在髋结节与膝关节连线中点的水平面上，一般左侧卵巢在正中矢状面上，右侧卵巢在正中稍偏右侧。

3. 马的卵巢   马的卵巢较大，呈豆形，平均长约 7.5cm，厚 2.5cm，宽 3.5cm，左侧卵巢悬吊于左侧第 4、5 腰椎横突末端之下，在子宫角的内下方，位置较低；右卵巢在右侧第 3、4 腰椎横突之下，靠近腹腔顶壁，位置较高。经产老龄马的卵巢，常因卵巢系膜松弛而被肠管挤到骨盆前口处。在卵巢游离缘有一凹陷，称排卵窝。成熟卵泡仅由此排出卵细胞，这是马属动物的特征。

4. 犬的卵巢   较小，其长度平均约为 2cm，呈长卵圆形。两侧卵巢分别位于距同侧肾的后端 1～2cm 处的卵巢囊内，卵巢囊的腹侧有裂口。性成熟后的卵巢内含有卵泡，其表面隆凸不平。

（二）卵巢的组织结构

卵巢结构随动物品种、年龄和性周期不同而异。其可分为被膜和实质，实质由外周的皮质和中央的髓质构成。马属动物卵巢皮质和髓质的位置与其他动物相反，即皮质在内部，髓质在外周（图 7-11）。

1. 被膜   卵巢的被膜由生殖上皮和白膜组成。卵巢表面除卵巢系膜附着部外，都覆盖着一层生殖上皮，幼年动物的生殖上皮为单层柱状或立方上皮，到老龄时变为扁平上皮。在生殖上皮的深面为致密结缔组织构成的白膜。马卵巢的生殖上皮仅分布于排卵窝处，其余部位均被浆膜覆盖。

2. 皮质   位于卵巢的外周部，白膜的下面，占卵巢的大部分。其由基质、卵泡、闭锁卵泡和黄体组成（图 7-12）。

（1）基质   由致密结缔组织构成，含有大量的网状纤维和少量的胶原纤维与弹性纤维。基质内还有较多的梭形结缔组织细胞，形状类似于平滑肌细胞，胞核细长，排列紧密。基质的结缔组织参与形成卵泡膜和间质腺。

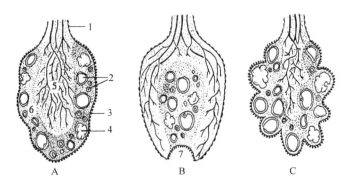

图 7-11　牛、马、猪卵巢结构示意图
A. 牛；B. 马；C. 猪
1. 浆膜；2. 卵泡；3. 生殖上皮；4. 黄体；5. 髓质；6. 皮质；7. 卵巢窝

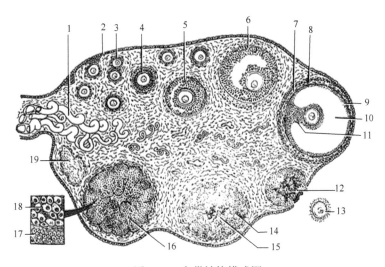

图 7-12　卵巢结构模式图
1. 血管；2. 生殖上皮；3. 原始卵泡；4. 初级卵泡；5、6. 次级卵泡；7. 卵泡外膜；
8. 卵泡内膜；9. 颗粒层；10. 卵泡腔；11. 卵丘；12. 血体；13. 排出的卵；14. 正在形成中
的黄体；15. 黄体中残留的凝血；16. 黄体；17. 膜黄体细胞；18. 颗粒黄体细胞；19. 白体

（2）卵泡　　是由中央的一个卵母细胞和包在其周围的一些卵泡细胞所构成。在皮质中有许多处于不同发育阶段的卵泡。可根据发育程度的不同，将卵泡分成原始卵泡、生长卵泡和成熟卵泡。

1）原始卵泡：由初级卵母细胞及周围的单层扁平的卵泡细胞构成，位于卵巢皮质的浅层，数量多、体积小。

2）生长卵泡：性成熟后，原始卵泡在垂体分泌的卵泡刺激素作用下开始生长发育。此时原始卵泡的卵泡细胞由扁平变为立方或柱状。根据发育阶段不同，可将生长卵泡分为初级卵泡和次级卵泡。

初级卵泡：卵泡内的初级卵母细胞逐渐增大，卵母细胞周围出现一层嗜酸性折光强的透明带。卵泡细胞变成立方或柱状，并通过分裂增生而成为多层。随着卵泡的变大，围绕卵泡的结缔组织细胞逐渐分化成卵泡膜。

次级卵泡：当卵泡体积不断增大时，在卵泡细胞之间出现卵泡腔，腔内有卵泡液。随着卵泡腔的扩大和卵泡液的增多，卵母细胞及其周围的一些卵泡细胞被挤到卵泡腔的一侧，形成一个突入卵泡腔的丘状隆起，称为卵丘。卵丘上紧靠透明带的卵泡细胞呈高柱状，围绕透明带呈放射状排列，称为放射冠。其余的卵泡细胞密集排列成数层，衬在卵泡内壁上，称为颗粒层。组成颗粒层的卵泡细胞也改称为颗粒细胞。随着卵泡的增大，卵泡膜逐渐分化为内、外两层。内层为细胞性膜，可分泌雌激素；外层为结缔组织性膜，与周围结缔组织无明显界限。

3）成熟卵泡：生长卵泡发育到最后阶段成为成熟卵泡。卵泡体积显著增大，向卵巢表面隆起。成熟卵泡的大小因动物种类而异。

（3）排卵　　发生在动物发情后的数日内，成熟卵泡破裂，初级卵母细胞及其周围的放射冠随同卵泡液一起排出，此过程称为排卵。排卵时，由于毛细血管受损可以引起出血，血液充于卵泡腔内，形成血体。

（4）黄体　　排卵后，残留在卵泡内的颗粒层细胞和卵泡内膜细胞随同血管一起向卵泡腔内塌陷，在垂体促黄体生成素的作用下，增殖分化为富有血管的细胞团索，称为黄体。颗粒层细胞分化成粒性黄体细胞，卵泡内膜细胞分化成膜性黄体细胞。前者主要分泌孕酮，后者主要分泌雌激素。

黄体的发育程度和存在时间取决于排出的卵是否受精。如果受精，则黄体继续发育，并存在到妊娠后期（马除外），这种黄体称为妊娠黄体或真黄体。如果未受精，黄体逐渐退化，这种黄体称为发情黄体或假黄体。真黄体和假黄体在完成其功能后即退化。退化的黄体被结缔组织代替，形成瘢痕，称为白体。

（5）闭锁卵泡　　在正常情况下，卵巢内的绝大多数卵泡不能发育成熟。而在各发育阶段中逐渐退化，这些退化的卵泡称为闭锁卵泡。原始卵泡和成熟卵泡退化时，有时可见萎缩的卵母细胞和皱缩的透明带，此时的卵泡内层细胞增大，呈多角形，形似黄体细胞。这些细胞被结缔组织分隔成团索状，形成间质腺，如兔和肉食动物。间质腺可分泌雌激素、孕酮和雄激素。

3. 髓质　　髓质由富含弹性纤维的疏松结缔组织构成，其中有许多血管、淋巴管和神经等，而梭形细胞和平滑肌纤维较少。在卵巢门处有一种特殊的细胞，称为门细胞。其形态类似间质腺细胞，有分泌雄激素的功能。

二、输卵管

输卵管是连接卵巢和子宫角的一对细长而弯曲的管道，既能够输送卵子，同时也是卵子受精的场所。输卵管通过卵管系膜与卵巢、子宫连接和固定。输卵管系膜与卵巢固有韧带之间形成卵巢囊。卵巢囊能保证卵巢排出的卵细胞顺利进入输卵管。

输卵管可分为漏斗部、壶腹部和峡部。漏斗部为输卵管的前端膨大的部分，漏斗的边缘有不规则的皱褶，称为输卵管伞。漏斗中央的深处有一口，为输卵管腹腔口，与腹膜腔相通，卵子由此进入输卵管。输卵管的前段管径最粗，也是最长的一段，称为输卵管壶腹，管壁薄而弯曲，卵细胞常在此处受精，然后受精卵靠输卵管黏膜上皮纤毛的摆动进入子宫腔而着床。输卵管的后段较狭而直，称为输卵管峡，最后以输卵管子宫口开口于子宫角。

输卵管的管壁由黏膜层、肌层和浆膜层构成。黏膜形成许多纵行的皱褶，大部分黏膜上皮为单层柱状，由有纤毛的柱状细胞和无纤毛的分泌细胞组成。肌层为平滑肌，分为内环、外纵两层。浆膜参与形成输卵管系膜。

牛的输卵管长，弯曲少，输卵管伞较大，卵巢囊较宽，末端与子宫角的连接处无明显分界；猪的输卵管弯曲度小；马的输卵管壶腹部明显且特别弯曲，末端与子宫角之间界限明显；犬的输卵管细小，输卵管伞大部分位于卵巢囊内。

三、子宫

（一）子宫的形态与位置

家畜子宫为中空的肌质性器官，富有伸展性，是胚胎发育和胎儿娩出的器官。子宫借子宫阔韧带悬吊于腹腔顶壁和骨盆腔侧壁，大部分位于腹腔内，小部分位于骨盆腔内，背侧为直肠，腹侧为膀胱，前接输卵管，后接阴道，两侧为骨盆腔侧壁。

家畜的子宫均属双角子宫（除兔外），可分为子宫角、子宫体和子宫颈三部分。

子宫角一对，为子宫的前部，呈弯曲的圆筒状，位于腹腔内（未经产的牛、羊则位于骨盆腔内）。前端以输卵管子宫口与同侧输卵管相通，后端会合形成子宫体。

子宫体呈背腹略扁的圆筒状，位于骨盆腔内，部分在腹腔内。前接子宫角，向后延续为子宫颈。

子宫颈为子宫的后段，位于骨盆腔内，管壁厚，内腔狭窄，称为子宫颈管。其前端以子宫颈内口通子宫体，后端与子宫颈外口开口于阴道。子宫颈管平时闭合，发情时稍松弛，分娩时扩大。

1. **牛（羊）的子宫**　　见图7-13。由于受瘤胃的影响，成年母牛的子宫大部分位于腹腔内，妊娠子宫大部分偏于腹腔的右半部。子宫角较长，平均为35～40cm（羊为10～20cm）。子宫角的前部互相分开，开始先弯向前下外方，然后又转向后上方，卷曲成绵羊角状；左、右子宫角的后部因有肌组织和结缔组织相连，表面又包以腹膜，从外表看很像子宫体，故称为伪体。子宫体短，长3～4cm（羊约2cm）。子宫颈长约10cm（羊约4cm），壁厚而坚实；后端突入阴道内形成子宫颈阴道部；子宫颈管窄细，由于黏膜突起的互相嵌合而呈螺旋状，平时紧闭，不易开张，子宫颈外口黏膜形成辐射状皱襞，呈菊花状。

子宫体和子宫角的黏膜上有特殊的圆形隆起，称为子宫阜或子宫子叶，有100多个。未妊娠时，子宫阜很小，直径约为15mm；妊娠时逐渐增大，最大的有拳头大小，是胎膜与子宫壁结合的部位。在牛胎衣不下时，剥离胎衣就是将子宫阜与胎盘之间的联系进行分离。羊的子宫阜有60多个，其顶端有一凹陷。

2. **猪的子宫**　　见图7-14。母猪的子宫角特别长，经产母猪可达1.2～1.5m，外形弯曲似小肠，故又称为子肠。2月龄以前的小母猪，子宫角细而弯曲，壁厚色红。子宫角的位置依年龄而不同，较大的小母猪子宫角位于骨盆腔入口处附近；性成熟后子宫角增粗，壁厚色白，因子宫阔韧带较长，子宫角移向前下方，位于髋结节的前下部。子宫体很短，长约5cm。子宫颈较长，成年母猪子宫颈长10～15cm。无子宫颈阴道部，因此子宫颈与阴道无明显界限。黏膜褶形成两行半圆形隆起，交错排列，使子宫颈管呈狭窄的螺旋形。

3. **马的子宫**　　母马的子宫呈Y形。子宫角稍弯曲成弓状，背侧缘凹，由子宫阔韧带附着。腹侧缘凸而游离。子宫体与子宫角等长。子宫颈后端突入阴道内，形成明显的子宫颈阴道部，其黏膜褶呈花冠状。妊娠后期子宫位于腹腔左下部。

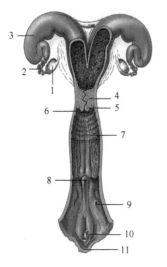

图 7-13　牛生殖器官模式图（背侧面）
（Dyce et al., 2010）

1. 卵巢；2. 输卵管；3. 子宫角；4. 子宫颈；
5. 子宫颈阴道部；6. 阴道穹隆；7. 阴道；
8. 尿道口及尿道下憩室；9. 前庭腺开口；
10. 阴蒂；11. 阴唇

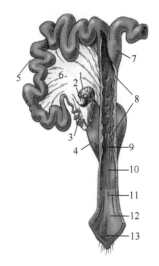

图 7-14　母猪的生殖器官模式图（背侧面）
（Dyce et al., 2010）

1. 左侧卵巢；2. 卵巢囊；3. 输卵管；4. 膀胱；5. 子宫角；
6. 子宫阔韧带；7. 子宫体；8. 子宫颈；9. 子宫颈口；
10. 阴道；11. 尿道外口；12. 阴道前庭；13. 阴蒂

4. 犬的子宫　　子宫角细长而直，中等体型的犬子宫角长 12～15cm。两子宫角在骨盆联合前方自子宫体呈"V"形分出。子宫体和子宫颈均很短。子宫壁厚，位于腹腔内，形成子宫颈引导部（图 7-15）。

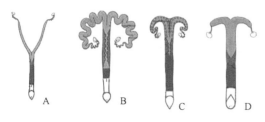

图 7-15　各种家畜子宫模式图
A. 犬；B. 猪；C. 牛；D. 马

（二）子宫的组织结构

子宫的形态及结构因发情周期及妊娠而有变化。子宫壁由子宫内膜、肌膜和外膜三层组成。

1. 子宫内膜　　包括黏膜上皮和固有层，无黏膜下层。

子宫角和子宫体的黏膜呈灰红色，内膜上皮随家畜发情周期而有变化，反刍动物和猪为假复层或单层柱状上皮。马、犬和猫为单层柱状上皮，上皮具有分泌作用，上皮细胞游离缘有暂时性纤毛。在发情期及妊娠期，黏液分泌最多，并可流入阴道。妊娠期黏液变稠形成子宫颈黏液塞。

固有层分为深、浅两层。浅层的细胞成分较多，主要是一种呈星形的胚型结缔组织细胞，细胞借突起互相连接，其间有各种白细胞及巨噬细胞。固有层深层的细胞成分少，内有子宫腺分布。子宫腺为弯曲的分支管状腺，腺体底部弯曲度最大。

牛、羊的子宫阜上无子宫腺分布。子宫腺的多少因畜种、胎次和发情周期而不同。腺上皮由分泌黏液的柱状细胞构成，胞质内充满黏原颗粒。子宫腺的分泌物可供给附植前早期胚胎营养。

2. 肌膜　　子宫的肌层是平滑肌，由发达的内环行肌、外纵行肌构成。内层薄、外层厚，两层之间为血管层，内有许多血管和神经分布。牛和猪的血管层有时夹于环行肌内。在牛、羊的子宫阜处血管层特别发达。

3. 外膜 为浆膜，由疏松结缔组织和间皮组成，在子宫外膜中有时可见少量平滑肌。

在子宫角背侧和子宫体两侧形成的浆膜褶，称为子宫阔韧带，支持子宫并使之有可能在腹腔内移动。怀孕时子宫阔韧带随着子宫增大、加长而变厚。在子宫阔韧带的外侧有一发达的浆膜褶，称为子宫圆韧带。

知识链接 子宫阔韧带内有走向卵巢和子宫的血管，其中有卵巢子宫动脉、子宫中动脉和子宫后动脉。这些动脉在怀孕时增粗，常用直肠检查其粗细和脉搏跳动的变化以进行妊娠诊断。

四、阴道

阴道是母畜的交配器官和产道，其背侧为直肠，腹侧为膀胱和尿道，前接子宫，后连阴道前庭。阴道壁的外层，在前部被覆有腹膜，后部为结缔组织的外膜。牛和马的阴道宽阔，周壁较厚。牛的阴道黏膜呈粉红色，并形成许多纵褶，没有腺体。在阴道前端，由于子宫颈阴道部的腹侧与阴道壁直接融合，于子宫颈的背侧形成一个半环状的隐窝，称为阴道穹隆。马的阴道穹隆呈半环状。猪的阴道腔直径较大，肌层厚，无阴道穹隆。

五、尿生殖前庭

尿生殖前庭是交配器官和产道，也是尿液排出的必经之路，又称为阴道前庭。位于骨盆腔内、直肠腹侧，呈扁短状，前接阴道，后连阴门。在其前端腹侧壁上，有一不太明显的横行黏膜褶，称为阴瓣，可作为前庭与阴道的分界。在尿生殖前庭的腹侧壁上，靠近阴瓣的后方有尿道外口，两侧有前庭小腺的开口。前庭两侧壁内有前庭大腺，开口于前庭侧壁。前庭腺能分泌黏液，交配和分娩时增多，有润滑作用，此外还含有吸引异性的气味。

六、阴门

阴门又称外阴，为泌尿器官与生殖器和外界相通的天然孔，位于肛门腹侧，由左、右阴唇构成，在背侧和腹侧互相联合，形成阴唇背侧联合和腹侧联合。两阴唇间的裂隙，称为阴门裂。在阴门裂的腹侧联合前方有一阴蒂窝，内有阴蒂，相当于公畜的阴茎。

牛的阴唇厚，略有皱纹，背侧联合稍钝圆，腹侧联合呈锐角，其下方有一束长毛。马的阴蒂较发达。猪的阴蒂细长，突出于阴蒂窝的表面。

【复习思考题】

1. 牛（羊）、马和猪睾丸的位置和结构有何特点？
2. 牛（羊）、马和猪的阴茎结构有何特点？
3. 比较牛（羊）、马和猪卵巢结构的特点。
4. 比较牛（羊）、马和猪子宫结构的特点。

（潘素敏）

项目八 循环系统器官观察识别

心血管系统包括心脏、血管和充满其中的血液。在心脏这个动力器官的作用下，血液以心脏为起点，沿动脉、毛细血管和静脉流动，又返回心脏。这样周而复始地流动，在动物体内主要起运输的功能。借助于心血管系统中流动的血液，一方面把吸收来的营养物质和氧气，运送至身体各器官、组织和细胞，供其生理活动需要；另一方面又把各器官、组织和细胞在生理活动过程中所产生的代谢产物如二氧化碳和尿素等，运送到肺、肾和皮肤排出体外。心血管系统还是机体内重要的防卫系统，存在于血液内的一些细胞和抗体，能吞噬、杀伤及灭活侵入体内的细菌和病毒，并能中和它们所产生的毒素。心脏也具有内分泌功能，能分泌心房肽，有利尿和扩张血管的作用。

任务一 心脏构造观察

【学习目标】

1. 掌握心脏的位置。
2. 掌握心脏的形态结构特点。
3. 掌握心腔的结构特点。
4. 掌握心脏的血管及传导系统。

【常用术语】

心基、心尖、冠状沟、左（右）纵沟、心房、心室。

【技能目标】

能够识别心脏的结构组成。

【基本知识】

心脏是血液循环的动力器官，在神经体液的调节下，进行节律性地收缩和舒张，使其中的血液按一定的方向流动。

一、心脏的形态和位置

心脏位于胸腔纵隔内，夹于左、右两肺之间，略偏左侧。牛心脏位于第3～6肋骨，心基位于肩关节水平线上。心尖位于胸骨后段的上方，距膈约2cm处。牛站立时，约在"鹰嘴"的后内侧。猪的心脏位于第2～6肋骨。外有心包包裹。

心脏呈倒圆锥形（图8-1），是中空的圆锥形肌质器官，外面有心包包围，锥底朝上，叫心基，有大的动、静脉进出；锥尖朝下，叫心尖。心脏的前缘稍凸，后缘比较短而直。

心脏表面有一冠状沟和左右两纵沟。冠状沟靠近心基处，相当于心房和心室的分界。在心脏的左前方有左纵沟（锥旁室间沟），右后方有右纵沟（窦下室间沟），两纵沟相当于两心室的分界。在冠状沟和纵沟内有营养心脏的血管和脂肪填充。

二、心腔的结构

心脏内腔借房中隔和室中隔分为左右两半，互不相通；每半又分为心房和心室两部分，经房室口相通。因此，心脏可分为右心房、右心室、左心房、左心室4部分。同侧的心房和心室经房室口相通（图8-2）。

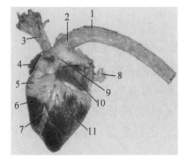

图8-1　牛心左侧观（王会香，2008）

1. 主动脉弓；2. 动脉韧带；3. 臂头（动脉）干；
4. 右心房；5. 冠状沟；6. 右心室；7. 圆锥旁室间沟（左纵沟）；8. 肺静脉；9. 肺（动脉）干；
10. 左心房；11. 左心室

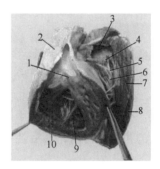

图8-2　牛心室纵剖面（王会香，2008）

1. 肺（动脉）干瓣；2. 肺（动脉）干；3. 左房室口；
4. 左房室瓣（二尖瓣、僧帽瓣）；5. 腱索；
6. 乳头肌；7. 心肌；8. 心外膜（心包脏层）；
9. 隔缘肉柱；10. 心内膜

1. 右心房　构成心基的右前方，上有右心耳和前腔静脉、后腔静脉的入口。牛和猪的左奇静脉开口于后腔静脉口腹侧的冠状窦。

2. 右心室　位于右心房之下，构成心室的右前部。下端达不到心尖，它的上壁有前后两个口，右前口叫肺动脉干口，通向肺动脉干。在肺动脉干口的周缘附有三个凹面朝向动脉、呈袋状的半月状瓣膜，称半月瓣（肺动脉干瓣），防止肺动脉血液倒流入右心室；右后口称房室口；其周缘有三个三角形瓣膜，称三尖瓣（右房室瓣），瓣膜的尖端朝向心室，并有腱索附着在心室的乳头肌上。

3. 左心房　位于心基的左后部，左心房的左前方有左心耳，其上壁和后壁有7～8个肺静脉的入口，心房的下部有左房室口与左心室相通。

4. 左心室　位于左心房之下，心脏左下部，较右心室狭长，下端到达心尖。室的上部有左房室口，口的周围附有强大的二尖瓣（左房室瓣），其尖端朝向心室，并有腱索附着在室壁的乳头肌上。房室口的前壁有主动脉干口，其周围也有三个半月状瓣膜，其形态、位置与肺动脉干口的相似。

三、心脏的组织结构

心壁分三层，外层为心外膜，中层为心肌膜，内层为心内膜。心外膜是一层浆膜，是心包的脏层。心肌膜是红褐色，心房的肌肉较薄，心室的肌肉较厚，而左心室的肌肉比右心室的厚约3倍。心内膜薄而光滑，紧贴于心腔内表面，与血管膜相延续。

1. 心外膜 为心脏表面光滑、湿润的薄膜。紧贴心肌表面，是心包浆膜脏层。血管、淋巴管和神经延伸到心外膜的深面。

2. 心肌膜 为心壁最厚的一层，主要由心肌纤维构成，内有血管、淋巴管和神经。房室口处的纤维环将心肌分成心房和心室两个独立的肌系，使心房、心室可分别收缩、舒张。心房肌薄，心室肌厚，而左心室又比右心室厚 3 倍。

3. 心内膜 薄而光滑，紧贴于心脏内表面，与血管的内膜相延续。左右房室口和动脉口处的瓣膜则是由心内膜折叠皱成双层结构，中间夹一层致密结缔组织形成的。心内膜深面有血管、淋巴管、神经和心传导纤维等。

四、心脏的血管

心脏本身的血液循环叫冠状循环，包括有冠状动脉、毛细血管和心静脉。

冠状动脉：分左、右冠状动脉，分别由主动脉根部左侧和前方发出，沿冠状沟和左、右纵沟延伸，其分支分布于心房和心室的肌层，在心肌内形成丰富的血管网。

心静脉：分为心大静脉和心中静脉。心大静脉和心中静脉伴随左、右冠状动脉行走于左、右纵沟和冠状沟内，最后注入右心房的冠状窦。还有数支心小静脉在冠状沟附近直接开口于右心房。

五、心脏的传导系统

由特殊心肌细胞——自律细胞构成的纤维束，能自动地发放和传导兴奋，使心肌有节律地收缩和舒张，其组成顺序如下：窦房结（位于前腔静脉与右心耳交界处，为正常起搏点）→房室结（在房中隔的右房面心内膜下）→房室束干（沿房中隔经右房室口至室中隔的短干）→房室束左、右脚（沿室中隔的左、右心室面下行）→浦肯野纤维（为终末分支）。

六、心包

心包为包围心脏的浆膜囊，分为脏层和壁层。脏层紧贴在心脏的外面，即心外膜，脏层在心基处向外折转而成壁层，下部构成胸骨心包韧带与胸骨相连。壁层和脏层之间形成心包腔，内含有少量的心包液，具有润滑作用，可保护心脏，避免心脏与周围组织直接摩擦。

任务二　血管观察

【学习目标】

1. 掌握动脉、静脉和毛细血管的结构特点。
2. 掌握体循环和肺循环路径。

【常用术语】

静脉、动脉、毛细血管、体循环、肺循环。

【技能目标】

能够识别动物体内大血管的走向。

【基本知识】

血管分为动脉、静脉和毛细血管。动脉是将心脏内血液输送到组织、器官的管道，从心脏起始，输送血液到全身各器官，沿途反复分支，管径愈分愈细，管壁也逐渐变薄，最后移行为毛细血管。全身动脉（肺动脉除外）内的血液含氧较多，呈鲜红色。静脉是将组织器官内的血液回送到心脏的管道。从毛细血管起始逐级汇合成小、中、大静脉。全身静脉（肺静脉除外）内的血液含二氧化碳较多，呈暗红色。毛细血管是连接动脉和静脉间的管径最小、管壁最薄的血管，呈网状遍布全身，是血液与组织液进行物质交换的场所。

一、血管的分类和结构

根据血管的结构和机能不同，可分为动脉、毛细血管和静脉三种。

1. 动脉　动脉为引导血液出心脏，流向机体各组织器官的血管，逐步分支变细，接毛细血管。管壁厚而有弹性，其结构分为三层：内层由结缔组织构成，其内表面衬有内皮，内皮光滑，有利于血液通过；中层厚，由平滑肌、弹性纤维组成（大动脉以弹性纤维为主，小动脉以平滑肌为主，中等动脉含有弹性纤维和平滑肌）；外膜主要由结缔组织组成。

2. 毛细血管　毛细血管为动脉和静脉间的微细血管，短而密，相互吻合成网。管壁很薄，仅由一层内皮细胞构成，具有较大的通透性，这种结构有助于血液和组织液之间的物质交换。

3. 静脉　静脉是引导血液回心脏的血管，其管壁与动脉相似，也分为三层，中膜较薄，外膜较厚，大多数静脉，特别是分布在四肢的静脉，内膜形成静脉瓣，游离缘伸向管腔，并朝向心脏，有防止血液逆流的作用。

二、血管及其分布

动物的血管分布如图 8-3 所示。

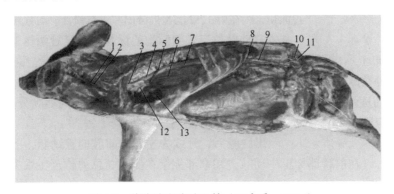

图 8-3　猪胸腔和腹腔血管（王会香，2008）

1. 颈外静脉；2. 颈总动脉；3. 臂头（动脉）干；4. 主动脉弓；5. 左奇静脉；
6. 食管；7. 胸主动脉；8. 肾动脉；9. 腹主动脉；10. 髂外动脉；11. 髂外静脉；
12. 肺（动脉）干；13. 心脏

（一）肺循环

血液自右心室发出的肺动脉起始，经肺动脉的各级分支最后到达肺泡壁周围的毛细血管，在此借助于弥散作用，进行二氧化碳和氧气的交换，从而使静脉血变为动脉血。经肺静脉，血液回流到左心房，再进入左心室。血液的这一循环过程称肺循环。由于这一循环过程短，所以又称小循环。肺循环的血管包括肺动脉、毛细血管、肺静脉。

1. **肺动脉**　　起于右心室，在主动脉的左侧向后上方伸延，至心基的后上方分为左、右两支肺动脉，分别与左、右支气管一起经肺门入肺（牛、羊和猪的右肺动脉在入肺前还分出一支到右肺的尖叶）。肺动脉在肺内随支气管而分支，最后在肺泡周围形成毛细血管网。

2. **毛细血管**　　位于肺泡周围。在此进行气体交换，使静脉血变为动脉血。

3. **肺静脉**　　由肺内毛细血管网汇合而成，随肺动脉和支气管行走，最后汇合成6～8支肺静脉，由肺门出肺后注入左心房。

构成肺循环血管的特点是：肺动脉含有二氧化碳较多的静脉血，而肺静脉含有氧较多的动脉血，这恰与体循环动、静脉中的血液性质相反。肺循环血液分支如下。

右心室 → 肺动脉 ⟨ 左支 → 肺泡壁的毛细血管 → 左肺静脉 ⟩ → 左心房
　　　　　　　　　 右支 → 肺泡壁的毛细血管 → 右肺静脉

（二）体循环

血液从左心室经主动脉，分布到全身毛细血管，汇集入前、后腔静脉，流回到右心房的通路，称大循环或体循环。其中胃、肠、脾、胰的静脉汇合成门静脉，经肝门入肝，形成肝毛细血管网，最后又汇合成肝静脉出肝，入后腔静脉，这一血液通路称门脉循环。从体循环回流入右心房的血液，进入右心室后，再经肺循环回到左心房，然后流入左心室，又经左心室进入体循环。体循环、肺循环经心脏连接，循环不止。

1. **体循环的动脉**

（1）**主动脉**　　为体循环的动脉主干，起于左心室的主动脉口，其根部膨大，在此分出左、右冠状动脉，分布于心脏，供给心脏血液。主动脉出心包后呈弓状（主动脉弓），向后延续为胸主动脉。从主动脉弓凸面向前分出臂头动脉总干，供应血液至头颈部、前肢和胸廓前部。

（2）**臂头动脉总干**　　短而粗，约在第1、2肋骨处分出左、右锁骨下动脉到左、右前肢。

（3）**颈总动脉**　　左、右颈总动脉位于颈静脉沟的深部，沿气管两侧伸向头部，其沿途分支分布于颈部肌肉、食管和气管。颈总动脉的分支有：枕动脉、颈内动脉和颈外动脉。颈外动脉在下颌支内侧分为上颌动脉和舌面干。颌外动脉从下颌间隙内，经下颌骨的血管切迹，绕到面部皮下分布于鼻、唇的皮肤和肌肉。颌内动脉分支分布于耳、眼、鼻腔和口腔。

（4）**左、右锁骨下动脉**　　出胸腔后，延续为左、右前肢的腋动脉，下行到臂骨内侧，称臂动脉，在前臂部称正中动脉，在掌部称指掌侧第3总动脉，在系关节的上方称指掌侧固有动脉。

（5）**胸主动脉**　　在胸椎下方，分布于肺内支气管和食管，称支气管食管动脉；分布于胸侧壁肌肉和皮肤的，称肋间背侧动脉。

（6）**腹主动脉**　　如图8-4所示，胸主动脉穿过膈肌的主动脉孔进入腹腔，移行为腹主动脉。腹主动脉分出的壁支为腰动脉，有6对，分布于腰部背侧和腹侧的肌肉、皮肤和脊髓、脊膜。腹主动脉在延伸途中分出以下脏支：腹腔动脉（分布于胃、肝、脾、胰、十二指肠），肠系膜前动脉（分布于空肠、回肠、盲肠和结肠的大部分），左、右肾动脉（分布于左、右肾和肾上腺），肠系膜后动脉（分布于结肠后段和直肠），左、右睾丸动脉（精索内动脉，母牛称卵巢动脉，分布于左、右睾丸或卵巢）。腹主动脉在第5、6腰椎腹侧分为左、右髂外动脉，左、右髂内动脉和荐中动脉。髂外动脉主要分布于腹壁肌和股前肌群、皮肤等。左、右髂内动脉分布于骨盆腔器官。

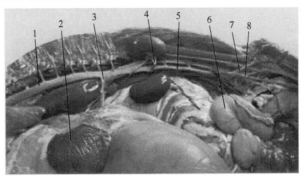

图 8-4　羊动脉分支（王会香，2008）

1. 胸主动脉；2. 脾；3. 腹腔动脉；4. 肾动脉；5. 腹主动脉；
6. 子宫；7. 髂外动脉；8. 髂内动脉

2. 体循环的静脉　　大部分静脉与同名动脉并行，最后汇合成前腔静脉和后腔静脉（图8-5）。前腔静脉汇集头颈、前肢、鬐甲和胸壁的静脉血，注入右心房；后腔静脉汇集腹壁、腹腔器官、骨盆腔器官及后肢的静脉血，送回右心房。门静脉是腹腔内不成对脏器血液回流的较大静脉，收集胃、小肠、大肠（直肠后段除外）、胰和脾等的静脉血。

此外，尚有一些皮下的静脉是兽医临床常用穴位的地方。例如，乳牛的腹皮下静脉，又常称乳房静脉，特别发达，它接受乳房的一部分静脉血液，沿腹直肌外缘皮下向前伸延，于剑状软骨部附近注入胸内静脉，进而入前腔静脉。这一静脉发达与否是鉴别产乳性能的标志之一。

颈外静脉，位于颈静脉沟的皮下（图8-6），临床上常在此处作静脉注射或采血。

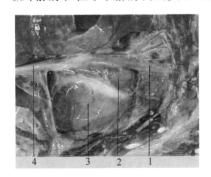

图 8-5　猪胸腔右侧观（示前、后腔静脉）
（王会香，2008）

1. 前腔静脉；2. 右心房；3. 右心室；4. 后腔静脉

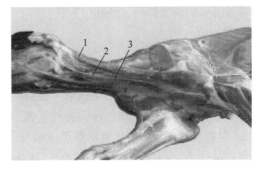

图 8-6　牛颈静脉（王会香，2008）

1. 臂头肌；2. 颈外静脉；3. 胸头肌

任务三　胎儿血液循环

【学习目标】

1. 掌握胎儿血液循环的特点。
2. 掌握出生前后血液循环的变化。

【常用术语】

肝圆韧带、膀胱圆韧带、卵圆孔。

【技能目标】

能够识别胎儿出生前后血液循环的变化。

【基本知识】

哺乳动物胎儿在母体子宫内发育。其发育过程中所需要的氧气和营养物质，都是通过胎盘由母体供给，所产生的代谢产物也是通过胎盘由母体代为排出，因此胎儿血液循环具有与以上相适应的一些特点。

一、心脏和血管的构造特点

胎儿心脏的房中隔上有一卵圆孔，以沟通左、右心房。由于孔的左侧有一卵圆形瓣膜，而且右心房压力高于左心房，所以血液只能由右心房流向左心房。

胎儿的主动脉与肺动脉之间由动脉导管相通。因此，由右心室到肺动脉的大部分血液都经过动脉导管流入主动脉，仅有少部分进入肺内。

胎盘是胎儿与母体间进行气体交换的器官，借脐带与胎儿相连。脐带内有两条脐动脉和两条脐静脉（牛），马和猪有一条脐静脉。

脐动脉由髂内动脉（牛）或阴部内动脉（马）分出，沿膀胱侧韧带沿腹腔底壁向前伸延到脐孔，进入脐带，经脐带到胎盘，分支形成毛细血管网；脐静脉由胎盘毛细血管汇集而成，经脐带由脐孔进入胎儿腹腔（牛的两条脐静脉入腹腔后合为一条）。脐动脉和脐静脉沿肝圆韧带伸延，经肝门入肝。

二、血液循环的途径

胎盘内从母体吸收来的富含营养物质和氧气的动脉血，经脐静脉进入胎儿体内，先进入胎儿肝内，经过肝的毛细血管（在此与来自门静脉、肝动脉的血液混合）后，最后汇合成数支肝静脉血，注入后腔静脉（在牛有部分脐静脉血液经静脉导管直接入后腔静脉），与来自胎儿身体后半部的静脉血相混合，入右心房。注入右心房的血液，大部分直接经卵圆孔入左心房，再经左心室到主动脉及其分支，其中大部分到头、颈及前肢。小部分从右心房入右心室。

来自胎儿头、颈及前肢的静脉血，经前腔静脉入右心房，而后到右心室。由于胎儿时期肺尚无呼吸机能，肺循环不发挥作用，因此肺动脉中的血液只有少量入肺，大部分则经动脉导管流入主动脉，然后与动脉血相混分布到内脏及后肢，并经脐动脉到胎盘。

由此可见，胎儿体内的血液大部分是混合血，但混合程度不同，到脑、头颈和前肢的血液，含氧和营养物质较多，以适应脑功能活动和胎儿头部发育较快的需要。到肺、躯干和后肢的血液，含氧和营养物质则较少。

三、胎儿出生后的变化

胎儿出生后，与母亲断绝联系，肺开始呼吸，胎盘循环中断。血液循环也发生了变化。

1. **脐动脉和脐静脉的退化** 胎儿出生后，脐带被剪断，脐动脉和脐静脉血停止，血管逐渐闭塞萎缩，在体内的一段分别形成膀胱圆韧带和肝圆韧带。

2. **动脉导管闭锁** 因肺开始呼吸，肺扩张，肺内血管的阻力减少，肺动脉压降低，动脉导管因管壁肌组织收缩而发生功能性闭锁，形成动脉导管索或动脉韧带。

3. **卵圆孔封闭** 因肺静脉回左心房的血液量增多，血压增高，致使卵圆孔瓣膜与房中隔贴连，结缔组织增厚，将卵圆孔封闭，形成卵圆窝。为此，心脏的左半部和右半部完全分开，左半部为动脉血，右半部为静脉血。

【复习思考题】

1. 试述体循环和肺循环的路径。
2. 简述牛心脏的形态和位置。
3. 心血管系统由哪几部分组成？其主要功能是什么？
4. 心脏的瓣膜装置有哪些？对于血液在心腔内的流向有什么作用？
5. 主动脉干可分为几段？每段的主要分支和分布的器官有哪些？
6. 胎儿血液循环与成体血液循环比较有哪些特点？出生后的变化如何？
7. 图示饲喂奶牛流食后到乳房形成乳汁的解剖学途径。

（解慧梅）

淋巴系统由淋巴管道、淋巴组织、淋巴器官和淋巴组成。淋巴管道是起始于组织间隙，最后注入静脉的管道系；淋巴组织为含有大量淋巴细胞的网状组织，包括弥散淋巴组织、淋巴弧结和淋巴集结；被膜包裹淋巴组织即形成淋巴器官。淋巴组织（器官）可产生淋巴细胞，参与免疫活动，因而淋巴系统是机体内主要的防卫系统。此外，淋巴系统的免疫活动还协同神经及内分泌系统，参与机体其他神经体液调节，共同维持代谢平衡、生长发育和繁殖等。

任务一   淋巴管的观察

【学习目标】

1. 了解淋巴管的位置，熟悉各种家畜淋巴导管的位置。
2. 比较牛、马、猪等家畜淋巴导管的结构特点。
3. 掌握家畜淋巴导管的组织结构。

【常用术语】

毛细淋巴管、淋巴管、淋巴干、淋巴导管。

【技能目标】

1. 在标本上正确指认牛（羊）、马、猪淋巴管的结构特点。
2. 在显微镜下指认淋巴管的组织结构。

【基本知识】

淋巴管道为淋巴液通过的管道，根据汇集顺序、口径大小及管壁薄厚，可分为毛细淋巴管、淋巴管、淋巴干和淋巴导管。

一、毛细淋巴管

毛细淋巴管以盲端起始于组织间隙，其结构似毛细血管，管壁只有一层内皮细胞，且相邻细胞以叠瓦状排列。毛细淋巴管的管径较毛细血管的大，粗细不一，通透性也比毛细血管大，因此一些不能透过毛细血管壁的大分子物质如蛋白质、细菌等由毛细淋巴管收集后回流。

除无血管分布的组织器官如上皮、角膜、晶状体等及中枢神经和骨髓外，机体全身均分布有毛细淋巴管。

二、淋巴管

毛细淋巴管汇集成淋巴管，其形态结构与静脉相似，但管壁较薄，管径较细且粗细不均，常呈串珠状，瓣膜较多。在其行程中，通过一个或多个淋巴结。

按所在位置，淋巴管可分为浅层淋巴管和深层淋巴管。前者汇集皮肤及皮下组织淋巴液，多与浅静脉伴行；后者汇集肌肉、骨和内脏的淋巴液，多伴随深层血管和神经。此外，根据淋巴液对淋巴结的流向，淋巴管还可分成输入淋巴管和输出淋巴管（图 9-1）。

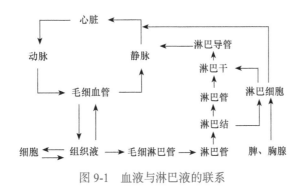

图 9-1　血液与淋巴液的联系

三、淋巴干

淋巴干为身体一个区域内大的淋巴集合管，由淋巴管汇集而成，多与大血管伴行。主要淋巴干有以下几种。

（一）气管淋巴干

伴随颈总动脉，分别收集左、右侧头颈、肩胛和前肢的淋巴，最后注入胸导管（左）和右淋巴导管或前腔静脉或颈静脉（右）。

（二）腰淋巴干

伴随腹主动脉和后腔静脉前行，左、右各 1 条，收集骨盆壁、部分腹壁、后肢、骨盆内器官及结肠末端的淋巴，注入乳糜池。

（三）内脏淋巴干

由肠淋巴干和腹腔淋巴干形成，分别汇集空肠、回肠、盲肠、大部分结肠和胃、肝、脾、胰、十二指肠的淋巴，最后注入乳糜池。

四、淋巴导管

淋巴导管由淋巴干汇集而成，包括胸导管和右淋巴导管。

（一）胸导管

胸导管为全身最大的淋巴管道，起始于乳糜池，穿过膈上的主动脉裂孔进入胸腔，沿胸主动脉的右上方、右奇静脉的右下方向前行，然后越过食管和气管的左侧向下行，在胸腔前口处注入前腔静脉。胸导管收集除右淋巴导管以外的全身淋巴。

乳糜池是胸导管的起始部，呈长梭形膨大，位于最后胸椎和前 1～3 腰椎腹侧，在腹主动脉和右膈脚之间。

（二）右淋巴导管

右淋巴导管短而粗，为右侧气管干的延续，收集右侧头颈、右前肢、右肺、心脏右半部及右侧胸下壁的淋巴，末端注入前腔静脉。

五、淋巴生成和淋巴循环

血液经动脉输送到毛细血管时，其中一部分液体经毛细血管动脉端滤出，进入组织间隙形成组织液。组织液与周围组织细胞进行物质交换后，大部分渗入毛细血管静脉端，少部分则渗入毛细淋巴管，成为淋巴液。淋巴液在淋巴管内流动（只能向心流动），最后注入静脉。淋巴管周围的动脉搏动、肌肉收缩、呼吸时胸腔压力变化对淋巴管的影响和新淋巴的不断产生，可促使淋巴管内的淋巴向心流动，最后经淋巴导管进入前腔静脉，形成淋巴循环，以协助体液回流。因此，可将淋巴循环看作血液循环的辅助部分。

任务二　淋巴组织与淋巴器官的位置结构观察

【学习目标】

1. 了解淋巴组织与淋巴器官的形态和位置。
2. 比较牛、马、猪等家畜淋巴组织与淋巴器官的结构特点。
3. 掌握家畜淋巴组织与淋巴器官的组织结构。

【常用术语】

胸腺、脾、扁桃体、淋巴结。

【技能目标】

1. 在标本上正确指认牛（羊）、马、猪胸腺的结构并说出其特点。
2. 在显微镜下指认脾的组织结构。

【基本知识】

一、淋巴组织

淋巴组织分布很广，存在形式多种多样。

（一）弥散淋巴组织

弥散淋巴组织没有特定的结构，淋巴细胞分布弥散，与周围组织无明显界限，常分布于咽、消化道及呼吸道等与外界接触较频繁的部位或器官的黏膜内。

（二）淋巴小结

淋巴小结为致密淋巴组织，呈球形或卵圆形，轮廓清晰。其单独存在时称淋巴孤结，成群存在时称淋巴集结，如回肠黏膜内的淋巴孤结和淋巴集结。

二、淋巴器官

淋巴器官是由被膜包裹的淋巴组织，包括中枢淋巴器官和外周淋巴器官。中枢淋巴器官又称初级淋巴器官，包括胸腺和禽类的腔上囊，发育较早，是培育淋巴细胞的场所。胸腺是T细胞成熟的器官，腔上囊是B细胞成熟的器官。哺乳动物无腔上囊，胚胎时期的肝和骨髓类似腔上囊的功能。周围淋巴器官又称次级淋巴器官，包括淋巴结、脾、血淋巴结和扁桃体等，发育较晚，是成熟淋巴细胞定居的部位，其淋巴细胞由中枢淋巴器官迁移而来。周围淋巴器官是进行免疫应答的主要场所。

（一）胸腺

1. 胸腺的形态和位置　　胸腺位于胸腔前部纵隔内，分颈、胸两部，呈红色或粉红色，单蹄类和肉食类动物的胸腺主要在胸腔内，猪和反刍动物的胸腺除胸部外，颈部也很发达，向前可到喉部（图9-2）。胸腺在幼畜发达，性成熟后退化（牛4～5岁，羊1～2岁，猪1岁，马2～3岁），老龄时逐渐被结缔组织和脂肪组织所代替。

胸腺是T淋巴细胞增殖分化的场所，是机体免疫活动的重要器官。

2. 胸腺的组织结构　　胸腺表面覆有薄层结缔组织被膜，被膜结缔组织伸入胸腺实质形成小叶间隔，把实质分隔成许多不完全分开的小叶，小叶的周边为皮质，中央为髓质，相邻小叶的髓质相互连接（图9-3）。

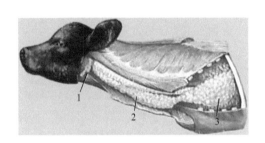

图9-2　犊牛的胸腺位置图
1. 腮腺；2. 颈部胸腺；3. 胸部胸腺

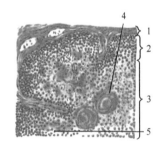

图9-3　胸腺的组织结构
1. 被皮；2. 皮质；3. 髓质；
4. 胸腺小体；5. 小体间质

皮质由胸腺上皮细胞和密集的胸腺细胞及少量巨噬细胞构成。胸腺上皮细胞主要有扁平上皮细胞和星形上皮细胞两种。扁平上皮细胞分布于被膜下和小叶间隔旁，能分泌胸腺素和胸腺生成素；星形上皮细胞有较多突起，能诱导胸腺细胞发育分化。胸腺细胞主要分布于皮质内，从皮质浅层向深层是淋巴干细胞迁移分化为T细胞的过程，大部分胸腺细胞在分化过程中将凋亡，并被巨噬细胞吞噬，仅小部分分化成熟的T细胞经血液转移到周围淋巴器官或淋巴组织中。髓质细胞排列较疏松，含有大量胸腺上皮细胞和少量T细胞、巨噬细胞。上皮细胞有髓质上皮细胞和胸腺小体上皮细胞两种。髓质上皮细胞呈球形或多边形，能分泌胸腺素；胸腺小体上皮细胞为扁平形，呈同心圆状包绕排列形成胸腺小体，小体散在于髓质中。其功能尚不清楚，但缺乏胸腺小体的胸腺不能培育出T细胞。

（二）脾

1. 脾的形态和位置　　脾是动物体内最大的淋巴器官，位于腹前部、胃的左侧。脾有造血、灭血、滤血、贮血及参与机体免疫活动等功能。因动物种类不同，其形态存在差异。

（1）牛脾　　长而扁的椭圆形，蓝紫色，质硬，位于瘤胃背囊左前方（图9-4）。

（2）羊脾　　扁平略呈钝三角形，红紫色，质软，位于瘤胃左侧（图9-5）。

（3）猪脾　　长而狭窄，紫红色，质软，位于胃大弯左侧（图9-6）。

（4）马脾　扁平镰刀形，上宽下窄，蓝红或铁青色，位于胃大弯左侧（图9-7）。

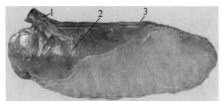

图 9-4　牛脾（脏面观）（王会香，2008）

1. 脾门；2. 脾和瘤胃粘连区；3. 前缘

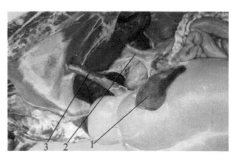

图 9-5　羊脾（王会香，2008）

1. 脾；2. 肝门静脉；3. 食管

图 9-6　猪脾（王会香，2008）

1. 憩室；2. 食管；3. 胃小弯；

4. 幽门；5. 十二指肠；6. 胃大弯；7. 脾

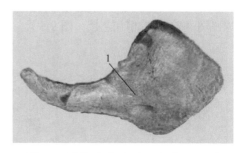

图 9-7　马脾（壁面）（王会香，2008）

1. 脾壁面

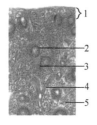

图 9-8　脾的组织结构图

1. 被膜；2. 白髓；3. 中央动脉；

4. 小梁；5. 红髓

2. 脾的组织结构　脾由被膜和实质构成，结构与淋巴结相似。但脾实质无皮质和髓质之分，脾内无淋巴窦，而有大量血窦（图9-8）。

（1）被膜　较厚，由致密结缔组织构成，内含平滑肌纤维，表面覆有间皮。被膜结缔组织向实质伸入形成许多小梁，小梁互相连接，构成脾的支架。

（2）实质　主要由淋巴组织构成，可分为白髓、边缘区和红髓三部分。

1）白髓：在新鲜脾的切面上，呈分散的灰白色小点状，故称白髓。白髓由动脉周围淋巴鞘和脾小结组成。

动脉周围淋巴鞘是位于中央动脉周围的弥散淋巴组织，主要含T细胞，当发生细胞免疫应答时，鞘内T细胞分裂增殖，鞘增厚。

脾小结即淋巴小结，位于动脉周围淋巴鞘的一侧，主要含B细胞。脾小结常有中央动脉分支穿过。当发生体液免疫应答时，脾小结体积增大，数量增多。

2）边缘区：位于白髓与红髓交界处。该区的淋巴细胞较白髓稀疏，但较红髓密集，主要含T细胞，还有B细胞和巨噬细胞。中央动脉的分支末端在白髓和边缘区之间膨大形成边缘窦，是淋巴细胞由血液进入淋巴组织的重要通道。

3）红髓：由脾索和脾血窦组成，因含大量血细胞，在新鲜脾的切面上呈红色。脾索由富含血细胞的淋巴组织索构成，相互连接成网，内含较多的 B 细胞、巨噬细胞和浆细胞。脾索是滤过血液、产生抗体的主要场所。脾血窦简称脾窦，位于脾索之间，为形状不规则的腔隙。窦壁由长杆状的内皮细胞纵行排列而成，相邻细胞有间隙，基膜不完整，外有网状纤维环绕，形成栅栏状的多缝隙结构，有利于血细胞的出入。

3. 脾的功能

（1）滤血　脾内有大量的巨噬细胞，可清除血液中的细菌、异物及衰老的红细胞和血小板。

（2）造血　胚胎时期脾可以产生各种血细胞，自骨髓开始造血后，便演变为淋巴器官，但仍保持产生多种血细胞的潜能，当机体严重缺血或某些病理情况下，可恢复其造血功能。

（3）储血　脾可储存一定量的血液，当机体需要时，脾内平滑肌收缩，可将所储血液输入血液循环。

（4）免疫　脾内含有大量的淋巴细胞、浆细胞等多种免疫细胞，对侵入血液的各种抗原均可产生免疫应答。

（三）扁桃体

扁桃体位于舌、软腭和咽的黏膜下组织内，含有大量的淋巴组织，呈卵圆形隆起，表面被覆复层扁平上皮，上皮向固有层内凹陷形成许多分支的隐窝，上皮下及隐窝周围有大量的弥散淋巴组织和淋巴小结，隐窝深部的上皮内含有许多淋巴细胞、浆细胞和少量巨噬细胞。扁桃体主要参与机体免疫反应。其形状和大小因动物种类不同而不同，仅有输出管，注入附近的淋巴结，没有输入管。

（四）血淋巴结

血淋巴结较小，一般呈圆形或卵圆形，紫红色，直径 1～3mm，结构似淋巴结，但无淋巴输入管和输出管，其中充盈血液而非淋巴。主要分布于主动脉附近、胸腹腔脏器的表面和血液循环的通路上，有滤血的作用。血淋巴结多见于牛、羊，但灵长类和马属动物也有分布。

（五）淋巴结

淋巴结大小不一，直径从 1mm 到几厘米，形状多样，有球形、卵圆形、肾形、扁平状等。淋巴结一侧凹陷为淋巴门，是输出淋巴管、血管及神经出入之处，另一侧隆凸，有多条输入淋巴管进入（猪淋巴结输入管和输出管的位置正好相反）。它是位于淋巴管径路上唯一的淋巴器官。机体淋巴结单个或成群分布，多位于凹窝或隐蔽之处，如腋窝、关节屈侧、内脏器官的门及大血管附近。身体每一个较大器官或局部均有一个主要的淋巴结群。局部淋巴结肿大，常反映其收集区域有病变，对临床诊断如兽医卫生检疫有重要的实践意义。

淋巴结的主要功能是产生淋巴细胞，清除侵入体内的细菌和异物及产生抗体等，是机体的防卫器官。

1. 淋巴结的组织结构　淋巴结的表面有结缔组织构成的被膜，并深入实质形成许多小梁，小梁互相连接成网，构成淋巴结的粗支架。淋巴结的实质分为周围的皮质和中央的髓质（图 9-9）。

（1）皮质　位于被膜下，由浅层皮质、深层皮质和皮质淋巴窦构成。

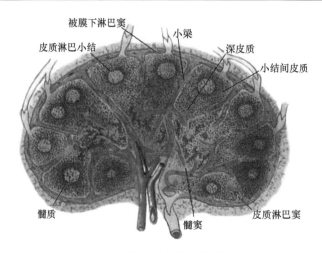

图 9-9　淋巴结的构造模式图

　　浅层皮质由淋巴小结和薄层弥散淋巴组织组成，淋巴小结为主要结构，内含大量的 B 淋巴细胞和少量巨噬细胞、T 淋巴细胞。淋巴小结生发中心的 B 淋巴细胞能分裂分化，产生新的 B 淋巴细胞。

　　深层皮质又称副皮质区，为浅层皮质与髓质之间的厚层弥散淋巴组织，主要由 T 淋巴细胞组成。

　　皮质淋巴窦包括被膜下窦和小梁周窦。被膜下窦位于被膜下，包绕整个淋巴结实质，小梁周窦位于小梁周围，窦壁由内皮细胞构成，腔内有许多网状细胞和巨噬细胞。

　　（2）髓质　　由髓索及其间的髓窦组成。

　　髓索由密集排列成索状的淋巴组织构成，相互连接成网。髓索内主要含 B 淋巴细胞、浆细胞和巨噬细胞，其数量可因免疫状态的不同而变化。

　　髓窦即髓质淋巴窦，其结构与皮质淋巴窦相似，但窦腔较宽大，含有较多的巨噬细胞。

　　2. 畜体主要浅在淋巴结（图 9-10，图 9-11）

　　（1）下颌淋巴结　　位于下颌间隙，牛的在下颌间隙后部，其外侧与颌下腺前端相邻；在猪位置更加靠后，表面有腮腺覆盖；在马则与血管切迹相对。

　　（2）腮腺淋巴结　　位于颞下颌关节后下方，部分或全部被腮腺覆盖。

　　（3）颈浅淋巴结　　又称肩前淋巴结，位于肩前，在肩关节上方，被臂头肌和肩胛横突肌（牛）覆盖。猪的颈浅淋巴结分为背侧和腹侧两组，背侧淋巴结相当于其他家畜的颈浅淋巴结，腹侧淋巴结则位于腮腺后缘和胸头肌之间。

　　（4）髂下淋巴结　　又称股前淋巴结，位于膝关节上方、股阔筋膜张肌前缘皮下。

　　（5）腹股沟浅淋巴结　　位于腹底壁皮下、大腿内侧、腹股沟皮下环附近。公畜的位于阴茎两侧，称阴茎背侧淋巴结；母畜的位于乳房的后上方，称乳房上淋巴结。此淋巴结在母猪中位于倒数第 2 对乳头的外侧。

　　（6）腘淋巴结　　位于臀股二头肌与半腱肌之间，腓肠肌外侧头的脂肪中。

　　3. 畜体主要深在淋巴结

　　（1）咽后淋巴结　　每侧均有内、外两组，内侧组位于咽的背侧壁。

　　（2）颈深淋巴结　　分为前、中、后 3 组。颈前淋巴结位于咽、喉的后方，甲状腺

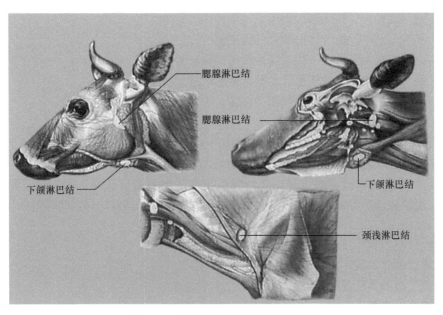

图 9-10　牛头颈部的主要浅表淋巴结

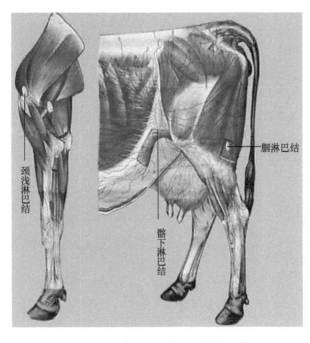

图 9-11　牛躯干部的主要浅表淋巴结

附近，前与咽淋巴结相连；颈中淋巴结分散在颈部气管的中部；颈后淋巴结与颈前淋巴结无明显界限；外侧组位于腮腺深面。颈后淋巴结位于颈后部气管的腹侧，表面被覆有颈皮肌和胸头肌。

（3）肺淋巴结　　位于肺门附近、气管的周围。

（4）肝淋巴结　　位于肝门附近。

（5）脾淋巴结　　位于脾门附近。

（6）肠淋巴结　　位于各段肠管的肠系膜内。

（7）肠系膜前淋巴结　　位于肠系膜前动脉起始部附近。

（8）髂内淋巴结　　位于髂外动脉起始部附近。

（9）髂外淋巴结　　位于旋髂深动脉前、后支分叉处。

（六）腔上囊

腔上囊驯化 B 细胞成熟，主导机体的体液免疫功能。将孵出的雏鸡去掉腔上囊，会使血中 γ 球蛋白缺乏，且没有浆细胞，注射疫苗也不能产生抗体。

人类和哺乳动物没有腔上囊，其功能由相似的组织器官代替，称为腔上囊同功器官；曾一度认为同功器官是阑尾、扁桃体和肠集结淋巴结，现在已证明是骨髓。

【复习思考题】

1. 淋巴液是如何生成的？

2. 简述各种淋巴器官的形态、位置、结构和功能。

3. 临床上和卫生检疫中常检的淋巴结主要有哪些？

（加春生）

神经系统器官观察识别

任务一 中枢神经的结构观察

【学习目标】

1. 熟知脑的分类及其形态和构造。
2. 掌握脊髓的形态和结构。

【常用术语】

灰质、白质、纹状体。

【技能目标】

能在标本上指认脑和脊髓的各部位结构。

【基本知识】

神经系统的基本结构和功能单位是神经元。神经元的胞体和树突在不同的部位聚集而具有不同的名字。在中枢神经系统内，神经元的胞体和树突集中的部位，呈灰白色，称为灰质，分布在大脑和小脑表层的灰质称为皮质。神经纤维集中的部位，呈白色，称为白质。功能和形态相似的神经胞体和树突聚集而成的灰质团块称为神经核；在周围神经系统中聚集形成神经节。在中枢神经系统内起止、行程和功能相同的神经纤维集合成束，称为纤维束或传导束；在周围神经系统内神经纤维聚集在一起构成神经。在中枢神经系统内，神经纤维交错成网，灰质团块散在其中，称为网状结构。

中枢神经系统包括位于颅腔内的脑和位于椎管内的脊髓。脑和脊髓是各种反射弧的中枢部分。

一、脊髓

1. **脊髓的形态位置** 脊髓位于椎管内，呈上、下略扁的圆柱状（图 10-1）。前端

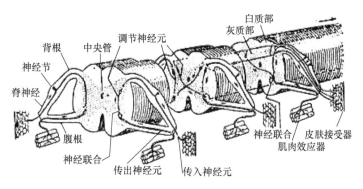

图 10-1　脊髓的组织图

在枕骨大孔与延髓相连，后端达荐椎中部，逐渐变细呈圆锥形，称为脊髓圆锥。脊髓又可分为颈、胸、腰、荐4段，各段粗细不一。在颈后部和胸前部较粗，称颈膨大；在腰荐部也较粗大，称腰膨大；脊髓的背侧正中有一浅沟，称背正中沟；腹侧正中有纵向的深沟裂，称腹正中裂；在两条背正中沟中各有一背外侧沟，脊神经的背根由此进入脊髓。腹外侧沟，脊神经的腹根由此出脊髓。在后部脊髓，由于脊柱比脊髓生长快，故脊髓比椎管短，荐神经和尾神经由脊髓发出后要在椎管内向后伸延一段，才能到相应的椎的孔，这些荐神经、尾神经和脊髓圆锥及终丝共同形成马尾。

2. 脊髓的内部结构　　我们把脊髓作一个横断面，可见在中央有一中央管，中央管向前与脑室相通，贯穿整个脊髓，横断面的内部为灰质，外围为白质。

（1）灰质　　位于中央管的周围，断面呈蝶形，每侧灰质有两个显著的突出部，分别称背侧角和腹侧角（腹柱和背柱），在胸段和前部腰段脊髓的腹侧角的基部，外侧还有稍突出的外侧角（柱）。背侧角内含有各种类型的中间神经元胞体，它们接受脊神经节内感觉神经元的中枢突传来的冲动。腹侧角内含有运动神经元胞体，外侧角内含有植物性神经元胞体。每一段脊髓接受来自脊神经的感觉纤维，这些纤维组成背侧根，背侧根上有脊神经节，是感觉神经元胞体的所在处。腹侧柱运动细胞发出的轴突，组成腹侧根，从腹侧沟发出来，背侧根和腹侧根在椎管之前，合并而成脊神经。

（2）白质　　位于灰质的周围，主要由纵走的神经纤维构成，为脊髓上、下行传导冲动的传导径路，白质被灰质角分为三对索：背侧索，位于背正中沟与背侧角之间，由感觉神经元纤维构成；腹侧索，位于腹侧角与腹正中裂之间；外侧索，位于背侧角和腹侧角之间。它们均由来自背侧角的中间神经元的上行纤维束及来自大脑、脑干的中间神经元的下行纤维束组成。

3. 脊髓的功能

（1）传导功能　　全身（除头外）深、浅部的感觉及大部分内脏器官的感觉，都要通过脊髓白质才能传导到脑，产生感觉。而脑对躯干、四肢横纹肌的运动调节及部分内脏器官的支配调节，也要通过脊髓白质的传导才能实现。若脊髓受损伤时，其上传下达功能便发生障碍，引起一定的感觉障碍和运动失调。

（2）反射功能　　有许多低级反射中枢，如肌肉的牵张反射中枢、排尿排粪中枢及性功能活动的低级反射中枢，均存在于脊髓。

4. 脊膜　　脊髓外面被覆有三层结缔组织膜，称为脊膜，由内向外依次为脊软膜、脊蛛网膜和脊硬膜。脊硬膜由一层致密结缔组织构成，与椎骨之间有一定的腔隙，称为硬膜外腔，内含脂肪组织及大的静脉。脊蛛网膜由一层薄而透明的结缔组织膜组成。脊软膜是一层紧贴在脊髓外面的疏松结缔组织膜。

脊蛛网膜与脊软膜之间形成相当大的腔隙，称为脊蛛网膜下腔。脊硬膜与脊蛛网膜之间形成狭窄的硬膜下腔。生活状态下脊硬膜外腔充满淋巴，脊蛛网膜下腔充满脑脊液。

二、脑

脑是中枢神经系统的高级部分，位于颅腔内，向后在枕骨大孔处与脊髓相延续。脑可分为四部分，即大脑、间脑、小脑和脑干（图10-2）。

1. 脑干　　脑干由后向前依次分为延髓、脑桥、中脑，是脊髓向前的直接延续。

脑干上发出Ⅲ～Ⅻ对脑神经，大脑皮质、小脑、脊髓之间联系，要经过脑干。另外，在脑干的网状结构中有许多重要生命中枢（图10-3）。

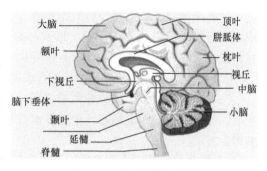

图 10-2　脑的结构位置图

（1）延髓　为脑干的末端，后部在枕骨大孔处与脊髓相连，两者之间没有明显的界线。前端连脑桥。背侧被小脑覆盖。呈前宽后窄的楔形。延髓的腹侧有一浅沟，称为腹正中裂，为脊髓腹正中裂的连续。在裂的两侧各有一条纵行隆起，称为锥体。它是由大脑皮质发出的运动纤维束构成的（锥体束），锥体在后端大部分交叉到对侧，称为锥体交叉。交叉后的纤维在脊髓的外侧束下行。在锥体的两侧有横行隆起，称为斜方体。其内端有第Ⅵ对脑神经根发出，外端有第Ⅶ、Ⅷ对脑神经根。后端有第Ⅻ对脑神经根。锥体的外侧稍隆起的部分称为橄榄体。橄榄体的外侧有三对神经根，由前向后依次为第Ⅸ、Ⅹ、Ⅺ对脑神经根。延髓的后半部形态与脊髓相似，中央也有一中央管，称为闭合部，但前半部中央管向背侧开放，称为开放部。构成第4脑室的后半部，称为第4脑室底，其两侧有绳状体，它是一对粗大的纤维束，是由来自脊髓和延髓的纤维组成，向前伸延进入小脑，形成小脑后脚。

（2）脑桥　位于延髓的前方，可分为一腹侧部（基底部）和一背侧部（被盖），腹

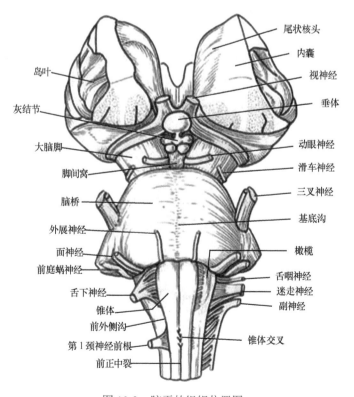

图 10-3　脑干的组织位置图

侧部呈横向隆起，由大量横行纤维和部分纵行纤维及分散在其中的神经核（脑桥核）组成。横行纤维从两侧进入小脑，形成小脑中脑（或叫脑桥臂）。背侧部（被盖部）与延髓相似，内有网状结构和上、下行传导束。在背侧部的前端两侧有连接小脑的小脑前脚（又叫结合臂），它是由小脑到中脑和丘脑的纤维构成的。

（3）中脑 位于脑桥和间脑之间，内有一管，称中脑叠导水管，后端与第4脑室相通，前方与第3脑室相通，中脑导水管将中脑分为背侧的四叠体（顶盖）和腹侧的大脑脚。

1）四叠体，又叫中脑顶盖，是4个丘状隆凸，前方的一对称前丘，后方的一对称后丘，前丘较大，接受视神经的纤维，为视觉的反射中枢。后丘较小，是听觉的反射中枢，声反射的联络站。

2）大脑脚，两大脑脚之间有脚间窝，可分为背侧的中脑被盖和腹侧部的大脑脚底；大脑脚底主要为白质，由来自大脑皮质的运动纤维构成。背侧部（又叫被盖）是脑桥被盖的延续，有脑神经核、中脑状结构和一些上下行纤维。红核是一对很大的卵圆形灰质核团，在被盖的前部，它是下行的传导路上重要的转换站，它接受来自大脑纹状体和小脑的纤维，发出纤维下行至中脑、脑桥、延髓、脊髓，交叉至对侧，构成红核脊髓束。

2. 间脑 前外侧接大脑的基底核，内有第3脑室，成环状环绕，主要分为丘脑和丘脑下部。

（1）丘脑 占据间脑的大部分，为一对卵圆形的灰质团块，左、右两丘脑内部相连，断面呈圆形，丘脑间黏合周围的环状裂隙为第3脑室，前方以一对室间孔通侧脑室。丘脑大部分核团是上行径的总联络站，接受来自脊髓、脑干、小脑各种感觉核的纤维，由此发出纤维至大脑皮质，是皮质下的主要感觉中枢。丘脑后部背外侧有两对隆起，外侧的称外膝状体，接受视束来的纤维，发出纤维至大脑皮质视觉区，是视觉冲动传至大脑皮质的联终站。内膝状体较小，位于膝状体的后下方，接受听觉中继核来的纤维，发出纤维到大脑皮质，是听觉冲动传向大脑的联络站。

（2）丘脑下部 位于丘脑的下方，是植物性神经系统的皮质下中枢，从脑底面看，由前向后依次为两侧视神经构成视交叉、灰结节（漏斗）、乳头体。视上核分泌抗利尿激素，室旁核分泌催产素。

3. 小脑 小脑略呈球形，位于延髓和脑桥的背侧、大脑的后方，其表面有许多沟回，小脑背侧面有两条浅沟将小脑分为三部分：两侧的小脑半球和中央的蚓部，蚓部最后有小结，向两侧伸入小脑半球腹侧，与小脑半球的绒球构成绒球小结叶，是小脑最古老的部分。蚓部的其他部分属旧小脑。小脑半球是随大脑半球发展起来的，属新小脑，与大脑半球有联系，参与调节随意运动。小脑的表面为灰质，称小脑皮质。深部为白质，叫小脑髓质。髓质呈树状伸入脑各叶，称髓树，小脑借3对脚与脑桥、中脑和延髓相连，小脑后脚（绳状体）是小脑与脊髓的联系。

4. 大脑 又称端脑，位于脑干的前方，背侧以大脑纵裂分为左右两大脑半球，两大脑半球借纤维即胼胝体相连，内部有侧脑室。大脑表层覆盖一层灰质，称大脑皮质，其表面凹凸不平，凹隐处称沟，凸起处称回，以增加大脑皮质的面积。

（1）大脑新皮质 分布于背面及周侧面，可分为前部的额叶，后部的枕叶（视觉区），外侧部的颞叶（听觉区），背侧部的顶叶（一般感觉区）。

（2）嗅脑　　位于底面，为构成嗅脑的各组成部分，包括嗅球、嗅回、嗅三角、梨状叶、海马回、海马和齿状回等部分。嗅球：呈卵圆形，位于大脑底面的最前端，接受来自鼻腔嗅区的嗅神经，嗅球向后延续为嗅回，分内侧嗅回和外侧嗅回，内、外侧嗅回间为嗅三角。梨状叶：是海马回的前部，表面为灰质，前端内部有杏仁核，位于侧脑室的底壁上。海马回内侧部转向深部卷至侧脑室成为海马。齿状回：长条状，位于海马回内侧。海马发出纤维向前聚集成海马伞，两侧海马伞向前伸延合并形成穹隆，穹隆在中线位于胼胝体腹侧的前下方，终止于上丘脑的乳头体。

（3）边缘叶　　是指大脑半球和间脑之间的过渡部分，故称边缘叶，包括扣带回、海马回、齿状回等。边缘叶与附近的皮质及有关的皮质下结构，包括扣带回前端的隔区、杏仁核、下丘脑、丘脑内侧核、丘脑前核和中脑被盖背侧部等在功能、结构上密切联系构成一个边缘系统，与内脏活动、情绪、记忆有关，功能十分复杂。

（4）基底核　　是位于大脑半球基底部的灰质核团，主要包括尾状核和豆状核，两核之间有由白质构成的内囊。豆状核位于内囊的外侧，尾状核位于前背侧，构成侧脑室前部的底壁。尾状核、豆状核和位于其间的内囊，外观上是灰白质相间的条纹状，故合称纹状体。纹状体是椎体外系的重要联络站，其主要功能是维持骨骼肌的张力和协调肌肉运动。

（5）白质　　大脑半球的白质含有以下三种纤维：①连合纤维，连接左右大脑半球皮质纤维，主要为胼胝体；②联络纤维，连接同侧半球各脑回、各叶之间的纤维；③投射纤维，连接大脑皮质与中枢其他各部分之间的上、下行纤维，内囊就是由投射纤维构成的。

（6）侧脑室　　位于大脑半球内部，每侧各有一个，分别称为第一、第二脑室，通过室间孔与第三脑室相通。在侧脑室底，前内侧可见尾状核，后外侧可见海马，它们之间有侧脑室脉络丛。

任务二　周围神经的结构观察

【学习目标】

1. 了解周围神经形态与结构。
2. 理解周围神经的作用特点。

【常用术语】

臂神经丛、腰荐神经丛、迷走神经。

【技能目标】

1. 能结合标本说明脊神经的组成及一般分布规律。
2. 能指出心、肺、胃和肠等器官交感神经和副交感神经的来源。

【基本知识】

外周神经系统是由联系中枢和各器官之间的神经纤维构成。其根据分布不同，又分为分布到体表和骨骼肌的躯体神经，分布到内脏血管平滑肌、心脏和腺体的植物性神经。植物性神经又可分为交感神经、副交感神经。躯体神经从脑发出的称脑神经，共 12 对；从脊髓发出的称脊神经。

（一）脊神经

脊神经为混合神经，既含有感觉纤维，又含有运动纤维。在椎间孔附近由背侧根（感觉根）和腹侧根（运动根）合并而成。自椎间孔或椎外侧孔穿出后，分为背侧支和腹侧支。脊神经按发出的部位又分为颈、胸、腰、荐、尾神经，数目和椎骨数目一致。

1. 脊神经的背侧支 每一脊神经都分出一背侧支和腹侧支，每一背侧支又分为内侧支和外侧支，分布于颈、背部、腰部、荐部和尾部的背侧部的皮肤和肌肉。

2. 脊神经的腹侧支 一般较粗，分布于脊柱腹侧、胸腹壁、四肢的肌肉和皮肤。现将重要的腹侧支叙述如下。

（1）颈神经的腹侧支 第一颈神经腹侧支分布到肩胛舌骨和胸骨甲状舌骨肌。第 2～6 颈神经的腹侧支分布到脊柱腹侧及胸前部的肌肉和皮肤。第 2 颈神经的腹侧支还分布到外耳、腮腺及下颌间隙的皮肤。第 7、8 颈神经的腹侧支较粗，几乎全部参与构成臂神经丛。膈神经，为膈的运动神经，由第 5～7 颈神经腹侧支的部分纤维组成。

（2）胸神经的腹侧支 主要形成肋间神经，伴随肋间动脉、静脉在肋间隙中沿肋骨的后缘向下伸延分布于肋间肌、腹肌和皮肤。第 1、2 胸神经的腹侧支粗大，参与形成臂神经丛。

（3）腰神经的腹侧支 前三对腹侧支分别称为：①髂下腹神经，来自第一腰神经的腹侧支，分布于腹下壁、膝关节外侧的皮肤、腹直肌、腹横肌和腹内斜肌。②髂腹股沟神经，来自第 2 腰神经的腹侧支，分布到腹外侧及以下的后肢。③生殖股神经，来自第 2、3、4 腰神经腹侧支，向下伸延穿过腹股沟管，公畜分布于阴囊和包皮，母畜分布于乳房。

（4）荐神经的腹侧支 第 1、2 荐神经腹侧支较粗，参与构成腰荐神经丛，第 3、4 荐神经的腹侧支构成阴部神经、直肠后神经和盆神经丛（见植物性神经部分）。

1）阴部神经：来自第 3、4 荐神经腹侧支，沿荐结节阔韧带向后下方伸延（先在内侧向后穿出至外侧面），分布于尿道、肛门、阴门及附近股内侧，公畜的可绕过坐骨到达阴茎的背侧，变为阴茎背侧神经，分布于阴茎、包皮。母畜的分布到阴唇和阴蒂。

2）直肠后神经：来自第 3、4（马）或第 4、5（牛）荐神经腹侧支，分布于直肠、肛门，母畜还分布于阴唇。

（5）臂神经丛 由第 6～8 颈神经腹侧支和第 1、2 胸神经腹侧支构成，位于肩关节的内侧，发出下列主要神经：①肩胛上神经，由神经丛的前部发出，分布于冈上肌和冈下肌。②腋神经，由丛的中部发出，经肩胛下肌与大圆肌之间，在肩关节后方分出数支分布到大圆肌、小圆肌、三角肌和臂头肌及前臂和胸浅肌表面的皮肤。③桡神经，由丛的后部发出，在臂内侧中部经臂三头肌长头与内侧头之间进入螺旋肌沟，分出支分布于臂三头肌，在臂三头肌深面，分深、浅两支，分布于伸肘、伸腕及伸指的肌肉。④正中神经，在臂内侧与肌皮神经合成一总干于臂中部分出肌皮神经支后，沿肘关节内侧进入前臂正中沟，分支分布于腕桡侧屈肌和指深屈肌，主干向下通过腕管，在掌下 1/3 处分为内侧支（牛的外侧支）分布于第 3、4 指。⑤肌皮神经，和正中神经合为一总干，分布于臂二头肌、臂肌及前臂背侧的皮肤。

（6）腰荐神经丛　由第4～6腰神经的腹侧支和第1、2荐神经的腹侧支构成，位于腰荐部的腹侧，由此神经丛发出下列神经：①股神经，行进在腰大肌和腰小肌之间进入股四头肌，分出一隐神经分布于缝匠肌、股部内侧部和跖内侧的皮肤。②闭孔神经，分出后向后下方伸延穿出闭孔，分布于闭孔肌、耻骨肌、内收肌、股薄肌。③坐骨神经，为全身最粗最长的神经，扁而宽，自坐骨大孔穿出盆腔，沿荐结节阔韧带的外侧向后下方伸延，在大转子与坐骨结节之间绕过髋关节后方入股后部，继续沿股二头肌于半膜肌和半腱肌之间下行，并分为腓神经和胫神经。胫神经，进入腓肠肌两头之间，在跗关节上变为足底内、外侧神经，分出肌支分布于跗关节的伸肌和趾关节的屈肌，分出皮支分布到小腿内侧、小腿后面及跗部之后外侧的皮肤。腓神经，在腓骨近端分为腓浅神经和腓深神经，牛的腓浅神经较粗，在跗、跖部的背侧沿趾长伸肌腱向下伸延，在趾间隙分支分布于第3、4趾，在跖近端分出侧支向下伸延，分布于第3趾背内侧及第4趾背外侧。腓深神经沿跖骨的背侧腓骨长肌和趾外侧伸肌中间向下伸延，至趾间隙合并于足底内侧神经。

（二）脑神经

脑神经共12对，多数从脑干发出，通过颅腔的一些孔出颅腔。其中有的是纯感觉神经，有的是纯运动神经，有的是混合神经。

1. 嗅神经　为感觉神经，传导嗅觉，由鼻腔嗅黏膜内的嗅细胞中枢突集合为许多嗅神经，经筛孔进入颅腔止于嗅球。

2. 视神经　为感觉神经，是第Ⅱ对，传导视觉，由眼球视网膜内的节细胞轴突构成，经视神经孔入颅腔，部分纤维交叉到对侧形成视交叉，止于外膝状体。

3. 动眼神经　为运动神经，是第Ⅲ对，起于中脑的动眼神经核，分布于眼球的肌肉，支配眼球和上、下眼睑的运动，还含有副交感神经纤维成分。

4. 滑车神经　为运动神经，是第Ⅳ对，起于中脑的滑车神经核，分布于眼球肌，支配眼球的运动。

5. 三叉神经　是头部分支最多最广的神经，为混合神经，为第Ⅴ对，以一感觉根和一运动根与脑桥相连。三叉神经出颅腔前分为三大支：①眼神经，为感觉神经，出颅腔后分布于鼻黏膜、泪腺、上睑、颞区、额区的皮肤，牛的眼神经还分出角神经。②上颌神经，为感觉神经，出颅腔分布于软腭、硬腭、鼻黏膜、下睑及附近的皮肤，主干行经眶下管出眶下孔，延伸到面部称为眶下神经，分布于上颌牙齿、鼻背、鼻孔和上唇等。③下颌神经，为混合神经，出颅腔后分出很多分支。例如，咬肌神经分布于咬肌，翼肌神经分布于翼肌，下颌齿槽神经分布于下颌、下唇，舌神经分布于黏膜和口腔底壁。

6. 外展神经　经圆孔出颅腔，为运动神经，是第Ⅵ对，起于延髓，分布于眼球肌，调节眼球的运动。

7. 面神经　为混合神经，主要由运动纤维成分构成，支配颜面肌肉的运动，是第Ⅶ对。感觉性的神经纤维出颅腔合并到下颌神经的舌神经内，分布于舌的前2/3，传导味觉。此外，面神经内还含有副交感神经纤维成分，分布于颌下腺——舌下腺，调节腺体的分泌。主支在颞下颌关节下方横过下颌骨支后缘到咬肌表面，分为颊背侧支和颊腹侧支，分布于上、下唇和面部肌肉。

8. 前庭耳蜗神经　为感觉神经，分前庭支（神经）、耳蜗支（神经）。前庭支分布于内耳半规管，传导平衡觉；耳蜗神经分布于螺旋器，传导听觉。

9. 舌咽神经 为混合神经，是第Ⅸ对。舌咽神经分布于舌后 1/3、软腭、咽等处，传导味觉和一般感觉，运动纤维分布于咽肌。

10. 迷走神经 为混合神经（见植物性神经部分），是第Ⅹ对。

11. 副神经 为运动神经，是第Ⅺ对，起于延髓及颈部脊髓，起于延髓部分的纤维加入迷走神经，分布于咽、喉的横纹肌；起于脊髓部分的纤维分布于胸头肌和斜方肌。

12. 舌下神经 为运动神经，起于延髓内的舌下神经核，分布于舌肌和舌骨肌。

小结：一嗅二视三动眼，四滑五叉六外旋，七面八听九舌咽，十迷一付舌下合。Ⅰ、Ⅱ、Ⅷ为感觉神经，Ⅲ、Ⅳ、Ⅵ、Ⅺ、Ⅻ为运动神经，Ⅴ、Ⅶ、Ⅸ、Ⅹ为混合神经，Ⅲ、Ⅶ、Ⅸ、Ⅹ含有植物性神经纤维。

（三）植物性神经（自主神经、内脏神经）

植物性神经是分布到内脏器官、血管、皮肤平滑肌、心肌、腺体的神经。其主要参与调节机体与营养代谢、生长、繁殖等有关的生理活动。

1. 自主神经与躯体神经比较

1）所支配的器官（对象）不同：自主神经支配平滑肌、心肌、腺体，躯体神经支配骨骼肌。

2）躯体神经的运动神经元从中枢到外周只需要一级（个）神经元，而自主神经则需要经过两个神经元。第一级神经元位于中枢内（脑和脊髓），叫节前神经元，其轴突叫节前纤维，第二级在外周神经节内，叫节后神经元，其轴突叫节后纤维，支配心肌、平滑肌、腺体的活动。

3）躯体神经纤维一般是较粗的有髓纤维，而自主神经的节前纤维是有髓纤维，节后纤维则是无髓纤维。

4）躯体神经受意识支配，而自主神经在一定程度上不受意识支配。

5）自主神经分为交感神经和副交感神经，二者分布于器官上，是双重分布，其作用对同一种器官是拮抗的（对抗的）。

植物性神经节有三类：第一类位于椎骨两侧沿脊柱排列，称椎旁神经节（交感干上的）。第二类离脊柱较远（相对），位于主动脉的腹侧，称椎下神经节，如腹腔肠系膜前、后神经节。第三类位于内脏器官附近或器官壁内，称终末神经节或壁内神经节。

2. 交感神经 交感神经节前神经元位于脊髓的胸腰段（灰质外侧柱内），节后神经元位于椎旁神经节或椎下神经节，节后纤维分布于内脏、心、所有血管的平滑肌、腺体、皮肤的汗腺。

（1）**胸部交感干** 每节椎骨有一对胸神经节（椎旁节），位于椎体的两侧，同侧的胸神经节之间借节间支相连成链状结构，即胸交感干。每一胸神经节均有与胸神经相连的灰、白交通支。

白交通支，由来自胸髓的节前纤维组成，进入胸交感干后去向有三：①在胸神经节内换元，部分节后纤维组成灰交通支返回胸神经。②一部分节前纤维路经胸交感干后延伸形成内脏大、小神经。内脏大神经来自第 6～13（牛）胸部脊髓节段的节前纤维，与胸交感干并列向后伸延，在第 13 胸椎处离开交感干，穿过膈的背侧入腹腔连于腹腔肠系膜前神经节。内脏小神经由胸交感干的最后节段分出，和第 1、2 腰节段在内脏大神经的后方也连于腹腔肠系膜前神经节。③不在胸交感干换元，向前或向后加入到颈交感干或腰交感干后换元。

腹腔肠系膜前神经节，由两个腹腔神经节和一个肠系膜前神经节构成，分别位于腹腔动脉根部的两侧和肠系膜动脉根部，呈半月形状神经节，故叫半月状神经节，此神经节接受内脏大神经和内脏小神经来的纤维，发出节后纤维，支配内脏器官。

（2）颈部交感干　连于颈前神经节与胸神经节之间，在颈部与迷走神经包于同一个结缔组织鞘内，称迷走交感干，沿气管的两侧、颈总动脉的背侧向前至寰椎下方，在颈段通常与迷走神经合并为迷走交感干。颈部交感干上仅有3~4个椎旁神经节。颈前神经节：呈梭形，位于枕骨颈静脉突的内侧，鼓泡的腹内侧，15mm×8mm×4mm，发出节后纤维分布于唾液腺、泪腺及头部的血管、汗腺、竖毛肌。颈中神经节：和第1、2胸神经节合并为星芒状神经节，21mm×7mm×4mm，位于第1肋椎关节的腹侧，发出节后纤维形成心支、食管支、气管支，参与构成心丛、食管丛、肺丛。

（3）腰部交感干　结构类似于胸交感干，前3个椎旁节具有白交通支，其余的只有灰交通支，并发出腰内脏神经连于肠系膜后神经节，发出节后纤维分布到精索、睾丸、附睾或卵巢、输卵管和子宫角，还分出一对腹下神经，自后伸到盆腔内，参与构成盆神经丛。

（4）荐尾部交感干　其神经节逐渐变小，数目少，节后纤维组成灰支连于荐神经和尾神经。

3. 副交感神经　节前神经元位于脑干和荐部脊髓，分颅部副交感神经和荐部副交感神经。

（1）颅部副交感神经　节前纤维混于Ⅲ、Ⅶ、Ⅸ、Ⅹ脑神经内。

1）动眼神经内的副交感纤维：起于中脑的缩瞳核至眼眶，分出睫状短神经到睫状神经节换元，节后纤维支配瞳孔开大肌。

2）面神经内的副交感纤维：起于脑桥的上泌涎核，一部分到上颌神经的翼腭神经节，节后纤维伴随上颌神经分布到泪腺、腭腺、颊腺及鼻黏膜。另一部分经鼓索神经到下颌神经节，分布到舌下腺和颌下腺。

3）舌咽神经内的副交感纤维：起于延髓的下泌涎核，到下颌神经节，节后纤维分布到腮腺。

4）迷走神经内的副交感纤维：含有80%以上的副交感纤维，节前纤维分布十分广泛，分布到食管、胃、升结肠之前（包括升结肠）的所有肠道、肝、胰、肺、心、肾等。

（2）荐部副交感神经　节前神经元位于荐髓的3、4节段，经第3、4荐神经分出盆神经，节后神经元位于盆神经节内，节后纤维分布于盆腔器官。

【复习思考题】

1. 简述神经系统的区分方法。
2. 简述脊髓的形态和结构。
3. 脑由哪几部分构成？各部分结构如何？
4. 躯体神经与植物性神经的主要区别是什么？

（加春生）

项目十一　　内分泌系统器官观察识别

内分泌系统由内分泌腺组成。内分泌腺无输出导管（分泌物通过输出导管排出的腺体称为外分泌腺），其腺细胞分泌的某些特殊化学物质称为激素（hormone），激素通过毛细血管或毛细淋巴管直接进入血液或淋巴，随血液循环传递到全身。机体内分泌腺包括独立的内分泌器官和分布于一些器官内的内分泌组织或细胞。

内分泌腺是机体内一个重要的调节系统，通过其所分泌的激素，以体液调节的方式，对机体新陈代谢、生长、发育和繁殖等起着重要的调节作用。各种内分泌腺的功能活动相互联系，内分泌腺还要受到神经系统和免疫系统活动的影响，三者相互作用和调节，共同组成一个网络，即神经-内分泌-免疫网络。

任务一　垂体的位置结构观察

【学习目标】

1. 熟知垂体、腺垂体、神经垂体等的概念。
2. 掌握外分泌腺和内分泌腺的分布和分类。

【常用术语】

腺垂体、神经垂体。

【技能目标】

能在标本上指认腺垂体、神经垂体的位置与构造。

【基本知识】

一、垂体的形态和位置

垂体是动物体内最重要的内分泌腺，能分泌多种激素，呈扁圆形，位于脑底面蝶骨体的垂体窝内，借漏斗连于下丘脑。垂体可分为腺垂体和神经垂体，腺垂体包括远侧部、结节部和中间部，神经垂体包括神经部和漏斗。远侧部和结节部又称前叶，中间部和神经部又称后叶（图 11-1）。

牛的垂体较大，窄而厚，远侧部与中间部之间有垂体腔。

猪的垂体小，远侧部与后叶的位置关系与牛相似，也有垂体腔。

马的垂体似蚕豆大，呈卵圆形，上下压扁，远侧部与中间部之间无垂体腔。

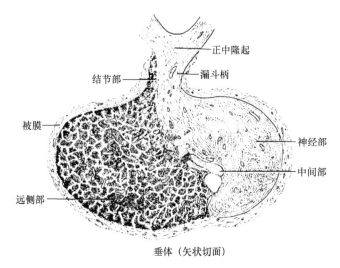

垂体（矢状切面）

图 11-1　垂体结构模式图

二、垂体的组织结构

（一）腺垂体

1. 远侧部　　细胞排列成团状或索状，细胞团、索之间有丰富的血窦。腺细胞可分为嗜色细胞和嫌色细胞两大类。嗜色细胞又分为嗜酸性细胞和嗜碱性细胞（图 11-2）。

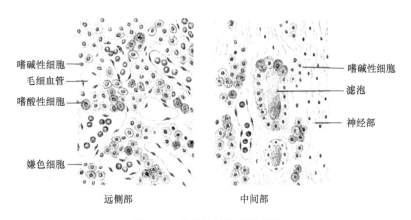

图 11-2　腺垂体的组织结构图

（1）嗜酸性细胞　　数量多，细胞呈球形或卵圆形，胞质内含有许多粗大的嗜酸性颗粒。嗜酸性细胞又分为生长激素细胞和催乳激素细胞两种。

1）生长激素细胞：数量较多，胞质内充满圆球形的分泌颗粒，能分泌生长激素（STH），促进骨骼的生长。

2）催乳激素细胞：数量较少，胞质内含粗大的分泌颗粒，能分泌催乳激素（LTH），可促进乳腺发育和乳腺分泌。

（2）嗜碱性细胞　　数量少，胞体较大，细胞呈圆形、卵圆形或不规则形，胞质内含嗜碱性颗粒。嗜碱性细胞可分为促甲状腺激素细胞、促性腺激素细胞和促肾上腺皮质激素细胞三种。

1）促甲状腺激素细胞：呈多角形，能分泌促甲状腺激素（TSH），可促进甲状腺素的合成和释放。

2）促性腺激素细胞：呈圆形或卵圆形，能分泌卵泡刺激素（FSH）和黄体生成素（LH）。卵泡刺激素能促进卵泡发育，对雄性动物可促进精子生成；黄体生成素能促进排卵及黄体形成，能促进雄性动物睾丸间质细胞分泌雄激素。

3）促肾上腺皮质激素细胞：细胞形状不规则，能分泌促肾上腺皮质激素（ACTH），主要促进肾上腺皮质束状区分泌糖皮质激素。

（3）嫌色细胞　　数量最多，体积小，染色浅，细胞轮廓不清。嫌色细胞有些是脱颗粒的嗜色细胞；有些是未分化的细胞；有些具有突起，伸入腺细胞之间，可能起支持作用。

2. 中间部　　是位于远侧部和神经部之间的狭窄区，主要由大量的嫌色细胞和少量的嗜碱性细胞组成。中间部细胞分泌促黑色素细胞激素（MSH），可刺激皮肤黑色素细胞，使黑色素的生成增加，导致皮肤变黑。

3. 结节部　　包绕着神经垂体的漏斗，前部较厚，后部较薄，细胞呈索状排列，主要为嫌色细胞，也有少量的嗜色细胞，能分泌少量促性腺激素和促甲状腺激素。

（二）神经垂体

神经垂体由无髓神经纤维、神经胶质细胞和丰富的毛细血管组成。无髓神经纤维来自下丘脑的视上核和室旁核的神经元，这些神经元具有分泌催产素（OT）和加压素（VP）的功能，分泌颗粒沿轴突经漏斗进入神经部，终止于毛细血管。轴突内的分泌颗粒常聚集成团，使轴突呈串珠样膨大，光镜下为大小不等的嗜酸性胶状团块，称赫林体，为激素在神经垂体的储存部位，待机体需要时释放入血液，发挥其生理作用。垂体的神经胶质细胞，又称垂体细胞，形态不规则，胞质内有脂滴和脂褐素，常分布在含分泌颗粒的无髓神经纤维周围，并有突起附着于毛细血管壁上。垂体细胞不分泌激素，对神经纤维起支持和营养作用。

催产素（OT）是一种肽类激素，可引起子宫平滑肌收缩和促进乳腺分泌。加压素（VP）又称抗利尿激素（ADH），可使血管收缩、血压升高，同时又促进肾远曲小管和集合管对水分的重吸收，使尿量减少。

任务二　肾上腺的位置结构观察

【学习目标】

1. 熟知肾上腺等的概念。
2. 掌握肾上腺的分布和分类。

【常用术语】

肾上腺、皮质、髓质。

【技能目标】

能在标本上指认肾上腺的位置与构造。

【基本知识】

一、肾上腺的形态和位置

肾上腺有 1 对，呈红褐色，分别位于左、右肾的前内侧。

牛的右肾上腺呈心形，位于右肾的前内侧；左肾上腺呈肾形，位于左肾前方。

猪的肾上腺狭而长，表面有沟，位于肾内侧缘的前方。

马的肾上腺呈扁椭圆形，长 4～9cm，宽 2～4cm，位于肾内侧缘的前方。

犬的右肾上腺略呈梭形，左肾上腺稍大，为不正的梯形，前宽后窄，背腹侧扁平，位于肾的前内侧。

二、肾上腺的组织结构

肾上腺（图 11-3）表面被覆致密结缔组织被膜，内含少量平滑肌纤维和未分化的皮质细胞团块。实质由外周的皮质和深部的髓质组成，二者的发生、结构和功能不同：皮质来源于中胚层，分泌类固醇激素；髓质来源于外胚层，分泌含氮激素。

图 11-3　肾上腺的组织结构图

（一）皮质

皮质占腺体的大部分，根据细胞的形态和排列特征，将皮质分为多形带、束状带和网状带三部分。

1. 多形带　位于被膜下方，约占皮质的 15%。细胞的排列因动物种类不同而异：反刍动物排列呈不规则的团块状；猪排列不规则；马和肉食动物的细胞呈高柱状，排列成弓状。多形带细胞分泌盐皮质激素，如醛固酮，能促进肾远曲小管和集合管重吸收 Na^+ 及排出 K^+，调节机体的水盐代谢。在马、犬、猫的多形带与束状带之间有一小细胞密集区，称中间带。

2. 束状带　是多形带的延续，此层最厚，占皮质的 75%～80%。细胞呈多边形，由皮质向髓质呈束状排列，束间毛细血管丰富。束状带细胞较大，界限清楚，核大而圆，着色浅。胞质内含大量脂滴，HE 染色因脂滴被溶解而呈空泡状。束状带细胞分泌糖皮质激素，如氢化可的松，主要调节蛋白质和糖的代谢，并有降低免疫反应及抗炎症等作用。

3. 网状带　位于皮质的最内层，此层最薄，占皮质的 5%～7%。细胞排列成索状，互相连接成网。细胞呈多边形，体积小，核深染，胞质内含较多脂褐素和少量脂滴。网状带细胞主要分泌雄激素及少量的雌激素和糖皮质激素。

（二）髓质

髓质主要由排列成索或团的髓质细胞组成，细胞呈多边形，用重铬酸钾处理后，胞质内可见呈棕黄色的分泌颗粒，因此称嗜铬细胞。电镜下，根据胞质内所含颗粒的不同，嗜铬细胞可分为两种：一种为肾上腺素细胞，颗粒内含肾上腺素，此种细胞数量多；另一种为去甲肾上腺素细胞，颗粒内含去甲肾上腺素。肾上腺素使心率加快，心脏和骨骼肌的血管扩张；去甲肾上腺素可使血管收缩，血压升高。此外，髓质内还有少量的交感神经节细胞，散在分布于嗜铬细胞之间，它们都受交感神经节前纤维支配。在髓质中央有一中央静脉，汇集皮质和髓质的血液。

任务三 甲状腺的位置结构观察

【学习目标】

熟知甲状腺、甲状腺素等的概念。

【常用术语】

甲状腺。

【技能目标】

能在标本上指认甲状腺的位置与构造。

【基本知识】

一、甲状腺的形态和位置（图 11-4，图 11-5）

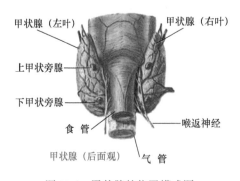

图 11-4 甲状腺的位置模式图

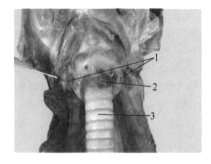

图 11-5 牛甲状腺腹侧观（王会香，2008）
1. 甲状腺；2. 腺峡；3. 气管

牛的甲状腺的侧叶较发达，呈扁三角形，色较浅，长 6～7cm，宽 5～6cm，厚 1.5cm，腺峡较发达，由腺组织构成。

马的甲状腺侧叶呈卵圆形，红褐色，长 3.4～4.0cm，宽 2.5cm，厚 1.5cm。腺峡不发达，较细，且被结缔组织代替。

猪的甲状腺左右侧叶与腺峡结合为一个整体，呈深红色，长 4～4.5cm，宽 2～2.5cm，厚 1～1.5cm。位于胸前口处气管的腹侧面。

绵羊的甲状腺呈长椭圆形，山羊的甲状腺的两侧叶不对称，二者腺峡均较细。

二、甲状腺的组织结构

甲状腺表面有一薄层结缔组织被膜，被膜中的结缔组织伸入实质内，将腺组织分隔成许多小叶。牛和猪的小叶明显。小叶内充满大小不一的滤泡，滤泡间有丰富的毛细血管和散在的滤泡旁细胞。

（一）滤泡

滤泡呈圆形或不规则形，由单层立方形的滤泡上皮细胞构成。滤泡腔内充满嗜酸性胶体，是滤泡上皮细胞的分泌物，内含甲状腺球蛋白。细胞的形态和滤泡的大小可因功能状态而变化。功能活跃时，上皮细胞变高呈柱状，胶体减少；反之，细胞变矮，呈低立方形甚至扁平形，胶体增多。滤泡上皮细胞合成和分泌甲状腺素，能促进机体的新陈代谢，提高神经的兴奋性，促进生长发育，尤其对幼年动物的骨骼和神经系统的发育十分重要。

（二）滤泡旁细胞

常单个嵌在滤泡上皮细胞之间或成群散在于滤泡间的结缔组织中，腔面被邻近的滤泡上皮细胞覆盖，细胞体积较大，在 HE 染色切片中胞质着色略淡，用银染法则胞质内有黑色嗜银颗粒。滤泡旁细胞分泌降钙素，促使骨质内钙盐沉着，使血钙下降。

任务四　甲状旁腺的位置结构观察

【学习目标】

1. 熟知甲状旁腺、甲状旁腺素等的概念。
2. 掌握外分泌腺和内分泌腺的分布和分类。

【常用术语】

甲状旁腺。

【技能目标】

能在标本上指认甲状旁腺的位置与构造。

【基本知识】

一、甲状旁腺的形态和位置

甲状旁腺很小，呈圆形或椭圆形，通常有两对，位于甲状腺附近或埋于甲状腺实质内（图 11-6）。

牛的甲状旁腺有内、外两对。外甲状旁腺直径 5～8mm，位于甲状腺前方靠近颈总动脉分叉处；内甲状旁腺较小，常位于甲状腺的内侧面，靠近背侧缘或后缘。

猪的甲状旁腺仅有 1 对，直径 1～5mm，位于甲状腺前方、颈总动脉分叉处稍后方。在胸腺未退化时，埋于胸腺内，色深、质硬。

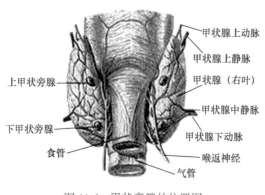

图 11-6 甲状旁腺的位置图

上甲状旁腺

下甲状旁腺

食管

甲状腺上动脉

甲状腺上静脉

甲状腺（右叶）

甲状腺中静脉

甲状腺下动脉

喉返神经

气管

马的甲状旁腺有前、后两对，前对呈球形，多数位于甲状腺前半部与气管之间，少数位于甲状腺背侧缘或甲状腺内；后对呈扁椭圆形，常位于颈后部气管的腹侧。

犬的甲状旁腺有 1 对，形如粟粒状，位于甲状腺的前端或包埋于甲状腺内。

甲状旁腺分泌甲状旁腺素，调节钙、磷代谢，维持血钙正常水平。

二、甲状旁腺的组织结构

甲状旁腺外面包有一层结缔组织被膜，实质内腺细胞排列成团索状，由主细胞和嗜酸性细胞构成。间质中有结缔组织和丰富的毛细血管。

（一）主细胞

数量多，呈圆形或多边形。核呈圆形，位于细胞中央。胞质着色浅，呈弱嗜酸性。主细胞能合成和分泌甲状旁腺激素，主要作用于骨细胞和破骨细胞，使骨质溶解，并能促进肠和肾小管对钙的吸收，从而使血钙升高。甲状旁腺激素和降钙素的协同作用，可维持血钙浓度的稳定。

（二）嗜酸性细胞

数量少，常见于牛、羊和马，其他动物罕见。细胞体积较大，呈多边形，单个或成群存在于主细胞之间。

任务五　松果体的位置结构观察

【学习目标】

熟知松果体等的概念。

【常用术语】

松果体。

【技能目标】

能在标本上指认松果体的位置与构造。

【基本知识】

一、松果体的形态和位置

松果体为一红褐色豆状小体，形似松果，位于四叠体与丘脑之间，以细柄连于第 3 脑室顶。因位于脑的上方，故又称脑上腺。

二、松果体的组织结构

松果体外包结缔组织被膜，被膜伸入实质，将腺体分为许多不规则的小叶。腺实质主要由松果体细胞、神经胶质细胞和无髓神经纤维组成（图11-7），还有一些由松果体细胞分泌物钙化形成的沉积物，称脑砂。

松果体细胞又称主细胞，约占腺实质细胞总数的90%。细胞呈圆形或不规则形，核大而圆，核仁明显，胞质少，呈弱嗜碱性。细胞有长而弯曲的突起，突起末端膨大，终止于血管周围。神经胶质细胞主要是星形胶质细胞、小胶质细胞和少突胶质细胞，分布于松果体细胞之间。

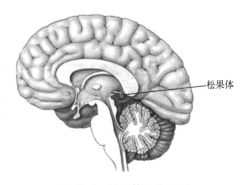

图 11-7　松果体的位置图

松果体细胞主要分泌褪黑激素，可抑制促性腺激素的释放，抑制性腺活动，防止性早熟。光照能抑制松果体细胞合成褪黑激素，促进性腺活动。

【复习思考题】

1. 家畜内分泌系统由哪些器官组成？
2. 松果腺、甲状腺在位置、形态和结构上各有什么特点？
3. 常见的其他内分泌组织还有哪些？

（加春生）

项目十二 感觉器官观察识别

感觉器是感受器及其辅助装置的总称。感受器是感觉神经终末止于其他组织器官形成的特殊结构，是反射弧的一个重要组成部分，能接受内、外环境的各种刺激，并通过感受器的换能作用，将刺激能量转换为神经冲动，经感觉神经传到中枢而产生各种感觉。感受器种类很多，有的结构简单，如游离神经末梢和环层小体等，有的结构复杂，具有各种辅助装置，如视觉器官和位听器官等。本项目主要讲述视觉器官和位听觉器官。

任务一 视觉器官的结构观察

【学习目标】

了解视觉器官的形态构造。

【常用术语】

角膜、视网膜、球结膜。

【技能目标】

能够进行视觉器官结构的识别。

【基本知识】

视觉器官能感受光波的刺激，经视神经传至视觉中枢而产生视觉。视觉器官由眼球和辅助装置组成。

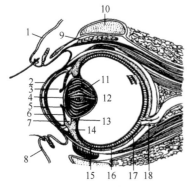

图 12-1 眼球的构造模式

1. 上眼睑；2. 球结膜；3. 角膜；4. 瞳孔；5. 虹膜；6. 眼前膜；7. 眼后膜；8. 下眼睑；9. 泪腺；10. 眶上突；11. 晶状体；12. 玻璃体；13. 睫状小带；14. 睫状体；15. 视网膜；16. 脉络膜；17. 巩膜；18. 视神经

一、眼球

眼球是视觉器官的主要部分，位于眼眶内，呈前、后略扁的球形，后端借视神经与间脑相连。眼球由眼球壁和内容物组成（图 12-1）。

（一）眼球壁

眼球壁由三层组成，从外向内依次为纤维膜、血管膜和视网膜。

1. 纤维膜　为眼球壁的外层，由致密结缔组织组成，厚而坚韧，有保护眼球内部结构和维持眼球形状的作用。其分为巩膜和角膜两部分。

（1）巩膜　为纤维膜的后部，约占 4/5，乳白色不透明，由大量的胶原纤维和少量的弹性纤维构成。巩膜前缘接角膜，两者交界处深面有巩膜静脉窦，是眼房水流出的通道。巩膜后部有视神经纤维穿过形成的巩膜筛区，该部较薄。

（2）角膜 为纤维膜的前部，约占 1/5，无色透明，有折光作用。角膜上皮的再生能力很强，损伤后能很快修复。角膜内无血管，但含丰富的神经末梢，所以感觉灵敏。

2. 血管膜 为眼球壁的中层，含有大量的血管和色素细胞，有营养眼内组织的作用，并形成暗的环境，有利于视网膜对光色的感应。血管膜由后向前分为脉络膜、睫状体和虹膜三部分。

（1）脉络膜 衬于巩膜内面，薄而柔软，呈棕色。其外面与巩膜疏松相连，内面与视网膜色素上皮层紧贴，后部在视神经穿过的背侧，除猪外有呈青绿色带金属光泽的三角形区，称为照膜，能将外来光线反射于视网膜以加强刺激作用，有助于动物在暗环境下对光的感应。

（2）睫状体 位于巩膜和角膜移行部的内面，是血管膜中部的环形增厚部分。其内面后部为睫状环，前部为睫状冠，表面有许多向内侧突出并呈放射状排列的皱褶，称睫状突，借睫状小带（晶状体悬韧带）与晶状体相连。睫状体的外面为平滑肌构成的睫状肌，受副交感神经支配。睫状肌收缩时可使睫状小带松弛，晶状体因其囊的固有弹性而变凸增厚，近物聚焦视网膜上，有调节视力的作用。睫状体还能产生眼房水。

（3）虹膜 位于晶状体前方，是血管膜前方的环形薄膜，呈圆盘状，从眼球前面透过角膜可以看到。虹膜中央有一孔，称瞳孔。虹膜富含血管、神经、平滑肌和色素细胞，其色彩因含色素细胞的多少和分布不同而有差异。牛的呈暗褐色，绵羊呈黄褐色，山羊呈蓝色。虹膜内有两种平滑肌，一种在瞳孔周围呈环形排列，称瞳孔括约肌，受副交感神经支配，在强光下缩小瞳孔；另一种向虹膜周边呈放射状排列，称瞳孔开大肌，受交感神经支配，在弱光下开大瞳孔。

3. 视网膜 为眼球壁的内层，分视部和盲部，两部交界处称锯齿缘。

（1）视网膜视部 衬于脉络膜内面，有感光作用，在活体略呈淡红色，死后呈灰白色。在视网膜后部有一圆形或卵圆形白斑，称视神经盘，表面略凹。视神经盘由视网膜节细胞的轴突聚集而成，无感光作用，故称盲点。在其背外侧有一圆形小区，称中央区，是感光最敏锐的地方，相当于人的黄斑。

（2）视网膜盲部 分视网膜睫状体部和虹膜部，分别贴衬于睫状体和虹膜内面，较薄，无感光作用。睫状体部可产生眼房水。

（二）内容物

内容物包括房水、晶状体和玻璃体，是眼球内的透明结构，无血管分布，与角膜一起共同组成眼球的折光系统，使物体能在视网膜上形成清晰的物像。

1. 眼房和房水 眼房位于角膜与晶状体之间，被虹膜分为眼球前房和后房，两房经瞳孔相通。眼房内充满房水。房水为无色透明的液体，由睫状体分泌产生，从眼球后房经瞳孔进入前房，然后渗入巩膜静脉窦而汇入眼静脉。房水除有折光作用外，还具有营养角膜和晶状体及维持眼内压的作用。如果房水排泄不畅，则导致眼内压升高，称青光眼。

2. 晶状体 位于虹膜与玻璃体之间，呈双凸透镜状，无血管和神经，透明而富有弹性。晶状体外面包有一层透明而有弹性的被膜，称晶状体囊。晶状体借睫状小带连于睫状突上。睫状体、睫状小带和晶状体囊的活动可使晶状体的形状发生变化，从而改变焦距，使物体聚焦于视网膜上，形成清晰的物像。晶状体如果因疾病或代谢障碍发生浑浊，称白内障。

3. 玻璃体 位于晶状体与视网膜之间，为无色透明的胶状物质，外面包有一层透明的玻璃体膜。玻璃体前面凹，容纳晶状体，称晶状体窝。玻璃体有折光和支持视网膜等作用。

二、眼球的辅助装置

眼球的辅助装置有眼睑、泪器、眼球肌和眶筋膜等，起保护、运动和支持眼球的作用。

1. 眼睑　俗称眼皮，是位于眼球前方的皮肤褶，有保护眼球免受伤害的作用。眼睑分为上眼睑和下眼睑。上、下眼睑之间的裂隙称睑裂，其内、外侧端分别称眼内侧角和外侧角。眼睑外面为皮肤，内面为结膜，两面移行处为睑缘，生有睫毛。眼睑中层为眼轮匝肌，近游离缘处有一排睑板腺，导管开口于睑缘，分泌脂性物质，有润泽睑缘的作用。结膜为连接眼球和眼睑的薄膜，湿润而富有血管，分睑结膜和球结膜。被覆于眼睑内面的部分为睑结膜，覆盖于眼球巩膜前部的部分为球结膜。睑结膜与球结膜折转移行处称结膜穹隆，二者之间的裂隙称结膜囊，牛的眼虫常寄生于此囊内。结膜正常呈淡红色，患某些疾病时（如贫血、黄疸、发绀）常发生变化，可作为诊断的依据。结膜半月襞又称第3眼睑或瞬膜，是位于眼内侧角的半月状结膜褶，常见色素，内有一块T形软骨。结膜半月襞内有浅腺和深腺（哈德氏腺）。

2. 泪器　包括泪腺和泪道两部分。

（1）泪腺　位于眼球背外侧、额骨颧突的腹侧，呈扁平的卵圆形，借十多条导管开口于上眼睑结膜囊内。泪腺分泌泪液，借眨眼运动分布于眼球和结膜表面，有湿润和清洁眼球表面的作用。

（2）泪道　为泪液排出的通道，由泪点、泪小管、泪囊和鼻泪管组成。泪点是位于眼内侧角附近上、下睑缘的缝状小孔。泪小管是连接泪点与泪囊的小管，有两条，位于眼内侧角。泪囊是鼻泪管起始端的膨大部，为一膜性囊，呈漏斗状，位于泪骨的泪囊窝内。鼻泪管是将泪液从眼运送至鼻腔的膜性管，近侧部包埋在骨性管腔中，远侧部包埋于软骨或黏膜内，沿鼻腔侧壁向前向下延伸，开口于鼻前庭或下鼻道后部（猪），泪液在此随呼吸的空气蒸发。泪点受阻时，泪液不能正常排出，就会从睑缘溢出，时间长了可刺激眼睛发生炎症。

3. 眼球肌　为眼球的运动装置，有7块肌肉：4块直肌、2块斜肌和1块眼球退缩肌，还有一块运动眼睑的上睑提肌。眼球肌属于横纹肌，运动灵活而不容易疲劳。

（1）直肌　有4块，即上直肌、内直肌、下直肌和外直肌，均呈带状，分别位于眼球的背侧、内侧、腹侧和外侧，起始于视神经孔周围，止于巩膜。4条直肌的作用是向上、向内侧、向下和向外侧运动眼球。

（2）斜肌　有2块，即上斜肌和下斜肌。上斜肌细而长，起始于筛孔附近，在内直肌内侧前行，通过滑车而转向外侧，经上直肌腹侧而止于巩膜。其作用是向外上方转动眼球。斜肌短而宽，起始于泪囊窝后方的眶内侧壁，经眼球腹侧向外侧延伸而止于巩膜。其作用是向外下方转动眼球。

（3）眼球退缩肌　起始于视神经孔周围，由上、下、内侧和外侧4条肌束组成，呈锥形包于眼球的后部和视神经周围，止于巩膜。其作用是后退眼球。

（4）上睑提肌　属于面肌，位于上直肌的背侧，起始于筛孔附近，止于上眼睑，其作用是提举上眼睑。

4. 眶筋膜　包括眶骨膜、眼肌筋膜和眼球鞘，对眼球起保护作用。

（1）眶骨膜　位于骨质眼眶内，是包围眼球、眼球肌、泪腺、血管和神经等的纤维膜，致密而坚韧，呈锥形。锥尖附着于视神经孔周围，锥基附着于眶缘。

（2）眼肌筋膜 是包围直肌和斜肌的筋膜，分浅、深两层，借肌间隔相连。其后方附着于视神经孔周围，前方附着于眼睑纤维层和角膜缘。

（3）眼球鞘 又称眼球筋膜，是包围眼球退缩肌和眼球的筋膜，向前伸至角膜缘，向后延续形成视神经外鞘。眼眶内存储的大量脂肪组织称眶脂体。

任务二 位听觉器官的结构观察

【学习目标】

了解位听觉器官的形态构造。

【常用术语】

听小骨。

【技能目标】

能够进行位听觉器官结构的识别。

【基本知识】

耳为听觉和平衡觉器官，分外耳、中耳和内耳三部分。外耳和中耳是收集和传导声波的装置，内耳是听觉感受器和平衡觉感受器所在之处（图 12-2）。

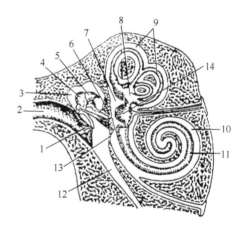

图 12-2 耳的构造模式

1. 鼓膜；2. 外耳道；3. 鼓室；4. 锤骨；
5. 砧骨；6. 镫骨及前庭窗；7. 前庭；8. 椭圆囊
9. 半规管；10. 耳蜗；11. 耳蜗管；12. 咽鼓管；
13. 耳蜗窗；14. 球囊

一、外耳

外耳由耳廓、外耳道和鼓膜三部分组成。

1. **耳廓** 又称耳壳，牛的耳廓斜向外侧。耳廓具有 2 个面、2 个缘、耳廓尖和耳廓基。凸面即背面，朝向内侧，中部最宽。凹面为凸面的相对面，即耳舟，有 4 条纵嵴。前缘即耳屏缘；后缘即对耳屏缘，薄而凸；前、后缘向上汇合于耳廓尖。下端即耳廓基，较小，连于外耳道。耳廓由耳廓软骨、皮肤和肌肉组成。耳廓软骨为弹性软骨，构成耳廓的支架，其内、外两面被覆皮肤，皮下组织很少。内面的皮肤薄，与软骨连接紧密，皮肤内含丰富的皮脂腺。耳廓基部周围具有脂肪垫，并附着有 10 多块耳廓外肌和内肌，能使耳廓灵活运动，便于收集声波。

2. **外耳道** 是从耳廓基部到鼓膜的管道，内面被覆皮肤，由两部分组成。外侧部是软骨性外耳道，由环状软骨作支架，外侧端与耳廓软骨相连，内侧端以致密结缔组织与骨性外耳道相连；其内面的皮肤具有短毛、皮脂腺和特殊的耵聍腺。耵聍腺为变态的汗腺，分泌耳蜡，又称耵聍。内侧部是骨性外耳道，即颞骨岩部的外耳道。骨性外耳道断面呈椭圆形，外口大，内口小，内口约为外口的一半，有鼓膜环沟，鼓膜嵌入此沟内。

3. 鼓膜　位于外耳道底部，介于外耳与中耳之间，是一片卵圆形的半透明膜，坚韧而有弹性，周围嵌入鼓膜环沟内。鼓膜分两部分，松弛部小，略呈长方形；紧张部大，略呈卵圆形，内面附着锤骨柄。

二、中耳

中耳由鼓室、听小骨和咽鼓管组成。

1. 鼓室　是颞骨岩部和鼓部内的腔体，内面被覆黏膜，位于鼓膜与内耳之间，分鼓室上隐窝、固有部和腹侧部。鼓室上隐窝位于鼓膜平面上方，锤骨上部及砧骨大部分位于此隐窝内。固有部或主部位于鼓膜内侧。腹侧部位于鼓泡内。鼓室外侧壁为膜壁，借鼓膜与外耳道为界；内侧壁为迷路壁，与内耳为界，近中央部有一隆起称岬，岬的前上方有前庭窗，由镫骨底和环韧带封闭，后下方有耳蜗窗，由第二鼓膜封闭，将鼓室与鼓阶隔开。第二鼓膜对声波起减震器的作用。前壁为颈动脉壁，有裂隙样的咽鼓管鼓口通咽鼓管。顶壁为盖壁，其内侧部有面神经通过。后壁为乳突壁，底壁为颈静脉壁。

2. 听小骨　有三块，由外向内顺次为锤骨、砧骨和镫骨，彼此借关节相连成听骨链，外侧端借锤骨柄附着于鼓膜，内侧端以锤骨底和环状韧带附着于前庭窗。当声波振动鼓膜时，三块听小骨连串运动，使镫骨底在前庭窗上来回摆动，将声波的振动传入内耳。锤骨最大，呈锤状，分头、颈、柄和三个突，锤骨头与砧骨体成关节，锤骨柄细长，附着于鼓膜内面。砧骨位于锤骨与镫骨之间，形似人的双尖牙，可分为砧骨体、长脚和短脚。镫骨最小，形似马镫，分头、颈、底、前脚和后脚。镫骨头与砧骨长脚成关节，底借环状韧带封闭前庭窗。

3. 咽鼓管　又称耳咽管，是连通鼻咽部与鼓室固有部的短管道，空气经此管进入鼓室，使鼓室与外耳道的大气压相等，以维持鼓膜内、外两侧大气压力的平衡，防止鼓膜被冲破。咽鼓管由骨部和软骨部组成。骨部为咽鼓管的后上部，很短，位于颞骨岩部肌突根部内侧；软骨部构成咽鼓管的大部分，由内侧板和外侧板组成，呈凹槽状。咽鼓管有两个开口，前端开口于咽侧壁，称咽鼓管咽口，后端开口于鼓室前壁，称咽鼓管鼓口；管壁内面被覆黏膜，分别与咽和鼓室黏膜相延续。

三、内耳

内耳位于颞骨岩部内，在鼓室与内耳道底之间，由构造复杂、形状不规则的管腔组成，故称迷路。由骨管和膜管两部分组成，骨管称骨迷路，膜管称膜迷路。膜迷路套于骨迷路内，二者之间形成腔隙，腔内充满外淋巴；膜迷路内充满内淋巴。

1. 骨迷路　由致密骨质构成，分为前庭、骨半规管和耳蜗三部分，三者彼此互不沟通。

（1）前庭　为骨迷路中部小而不规则的卵圆形腔，位于骨半规管与耳蜗之间，前方以一个孔与耳蜗相通，后方借4个小孔与三个骨半规管相通。前庭的外侧壁即鼓室的内侧壁，壁上有前庭窗和蜗窗；内侧壁相当于内耳道底，壁上有一斜嵴，称前庭嵴；嵴前方有较小的球囊隐窝，容纳膜迷路的球囊；嵴后方有较大的椭圆囊隐窝，容纳膜迷路的椭圆囊。前庭壁下部后方有一小的前庭水管内口。隐窝附近有供前庭和耳蜗神经通过的几群小孔，称筛斑。

（2）骨半规管　为三个彼此互相垂直的半环形骨管，位于前庭的后背侧，根据其位置分别称为前半规管、后半规管和外侧半规管。每个半规管均呈弧形，约占圆周的2/3，一端细，称单骨脚，另一端粗，称壶腹骨脚，壶腹骨脚膨大部称骨壶腹。前半规管的内端和后半规管的上端合并成总骨脚，前半规管和外侧半规管的壶腹端有一总口，因此，骨半规管仅以 4 个孔开口于前庭。

（3）耳蜗　为骨迷路的前部，形似蜗牛壳，位于前庭的前下方，蜗顶朝向前外下方，蜗底朝向内耳道。耳蜗由蜗轴和蜗螺旋管组成。蜗轴由骨松质构成，内有血管神经走行，轴底相当于内耳道底的耳蜗区，有许多小孔供耳蜗神经通过。蜗螺旋管为环绕蜗轴三周半的螺旋形中空骨管，起始端与前庭相通，盲端位于蜗顶。骨螺旋板自蜗轴发出伸入蜗螺旋管内，但不达管的外侧壁，缺损处由膜迷路填补，将蜗螺旋管不完全地分为上、下两部分，上部称前庭阶，下部称鼓阶。前庭阶起始于前庭窗，鼓阶起始于蜗窗，两者均充满外淋巴，并在蜗顶经蜗孔相通。耳蜗水管是连接鼓阶与蛛网膜下腔的小管，其内口靠近鼓阶起始部，外口开口于内耳道后方。

2. 膜迷路　是套在骨迷路内的膜性管，管壁上有位置觉和听觉感受器。膜迷路由椭圆囊、球囊、膜半规管和耳蜗管 4 部分组成。

（1）椭圆囊　在前庭后上方位于椭圆囊隐窝内，较球囊大，向后与三个膜半规管相通，向前借椭圆球囊管与球囊相通。椭圆囊外侧壁上有增厚的椭圆囊斑，为平衡觉感受器。椭圆囊斑对水平方向的位移和重力刺激起反应。

（2）球囊　位于球囊隐窝内，其下部有连合管与耳蜗管相通。后部借椭圆球囊管与椭圆囊相通。球囊内侧壁上有增厚的球囊斑，为平衡觉感受器，它对垂直方向加速和减速位移及重力刺激起反应。

（3）膜半规管　套于骨半规管内，形状类似骨半规管，膜壶腹几乎占据骨壶腹管腔，但膜半规管其余部分仅占据骨半规管管腔的1/4。膜半规管开口于椭圆囊，膜壶腹内侧壁上有乳白色的半月形隆起，称壶腹嵴，为平衡觉感受器。它对头部的角度运动，即非直线运动刺激起反应。

（4）耳蜗管　为一螺旋形管，位于耳蜗内，两端均为盲端，前庭盲端借连合管与球囊相通，顶盲端位于蜗顶。耳蜗管横切面呈三角形，位于前庭阶与鼓阶之间，有三个壁，顶壁为前庭壁，由前庭膜构成，从骨螺旋板斜向伸至蜗螺旋管外侧壁，将前庭阶与耳蜗管隔开；外侧壁为增厚的骨膜，上皮下的结缔组织含有丰富的血管，称血管纹，是产生内淋巴的结构；底壁为鼓壁，将鼓阶与耳蜗管隔开，由骨螺旋板和螺旋膜构成。螺旋膜又称基底膜，连于骨螺旋板与蜗螺旋管外侧壁之间，其上有螺旋器（柯蒂氏器），为听觉感受器。

3. 内耳道　位于颞骨岩部内侧面下部，起自内耳门，终于内耳道底。内耳道底被一横嵴分为上、下两部。上部的前部为面神经区，有面神经管内口，后部为前庭上区；下部前方为耳蜗区。

【复习思考题】

1. 简述眼的构造。
2. 简述耳的构造。

（冀建军）

项目十三 家禽的解剖特征观察

常见家禽主要包括鸡、鸭、鹅等，它们属于脊椎动物门的鸟纲，其重要的特征之一是飞翔。在漫长的进化过程中，为适应飞翔，已形成一系列的自身结构特征，如体型呈流线型，前肢演变成翼，骨内含有气体，有气囊等。在人类长期的驯化下，有些家禽已丧失飞翔的能力，但其身体的形态、结构、机能及活动规律仍保持着适宜飞翔的特点。本章以鸡为主，阐述家禽的解剖特征。

【学习目标】

1. 了解家禽的运动系统的组成及构造特点。
2. 掌握家禽的消化、呼吸、泌尿、生殖系统的组成及构造特点。
3. 了解家禽的心血管和淋巴系统的组成及构造特点。
4. 了解家禽的内分泌和神经系统的组成及构造特点。

【常用术语】

骨连结、消化腺、淋巴器官。

【技能目标】

能够正确识别家禽机体各系统器官的解剖特征。

任务一 运动系统

一、骨

家禽的骨有丰富的钙质，骨密质非常致密。成年时，除翼和后肢下段外，大部分骨的骨髓被吸收而填充空气（又叫气骨），以适应飞翔生活。按部位可分为头骨、躯干骨和四肢骨（图 13-1）。

（一）头骨

家禽的头骨高度异化，愈合早，分颅骨和面骨，但各骨的界限无法辨认。

1. 颅骨　颅骨形成颅腔，内藏脑，其后为枕骨大孔与脊椎的椎孔相连。枕骨大孔下只有 1 个枕骨髁，较小，呈半球形，与颈椎构成活动关节，因而头颈转动灵活。

2. 面骨　面骨形成鼻腔、眼眶和上、下喙。家禽眼眶大，其下方有一大腔隙，称眶下窦。颌前骨构成上喙的大部分，鸭、鹅为长扁状，鸡、鸽为尖锥状。在下颌骨与颞骨之间还有一块特殊的方骨，它与颞骨鳞部形成可活动的关节，可以使上、下喙间开张较大。舌骨为一群小骨，起支持作用。

（二）躯干骨

家禽的躯干骨由脊柱、肋骨和胸骨组成。

1. 脊柱　分为颈椎、胸椎、腰荐椎和尾椎。颈椎数目多，连成乙状弯曲。鸡的颈椎有 13～14 枚，鸭有 14～16 枚，鹅有 17～18 枚。因关节突发达，椎体的关节面又呈鞍状，所以颈部活动灵活，利于啄食、警戒和梳理羽毛。胸椎数目较少，鸡 7 枚，鸭、鹅各 9 枚，且大部分相互愈合。鸡的第 2～5 胸椎愈合成一块背骨，第 7 胸椎、腰椎、荐椎与第 1～6 枚尾椎愈合成综荐骨。因此，禽类脊柱的胸部，特别是腰荐部，几乎没有活动性。尾椎共有 11～12 枚，前 6 枚参与综荐骨的形成，后 5～6 枚不愈合，其中最后 1 枚最大，是三角锥状的尾综骨，为尾脂腺和尾羽的附着提供基础。

2. 肋骨　　肋骨的对数与胸椎相对应，鸡、鸽为 7 对，鸭、鹅为 9 对。除前 1～2 对外，每一肋都与胸骨和椎骨形成关节。背侧的与胸椎相连，为椎肋骨；腹侧的与胸骨相连，为胸肋骨，胸肋骨相当于骨化的肋软骨。除最前和最后 1 对肋骨外，椎肋骨都有一钩突与后一肋骨相连，使胸廓比较牢固。

3. 胸骨　　十分发达，向腹侧形成庞大的胸骨嵴（俗称龙骨突），便于发达

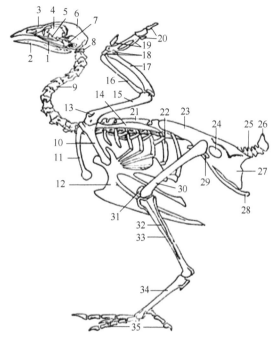

图 13-1　鸡的全身骨骼

1. 颧骨（轭骨及方轭骨）；2. 下颌骨；3. 切齿骨；4. 筛骨（垂直板）；5. 腭骨；6. 额骨；7. 方骨；8. 寰椎；9. 颈椎；10. 乌喙骨；11. 锁骨；12. 胸骨；13. 气孔；14. 肩胛骨；15. 肱骨；16. 桡骨；17. 尺骨；18. 腕骨；19. 掌骨；20. 指骨；21. 胸椎；22. 肋骨（椎骨肋）；23. 髂骨；24. 坐骨孔；25. 尾椎；26. 尾综骨；27. 坐骨；28. 耻骨；29. 闭孔；30. 股骨；31. 膝盖骨；32. 腓骨；33. 胫骨；34. 跖骨；35. 趾骨

的胸肌附着。发达的胸骨向后伸延，以支持内脏、防止飞行时内脏晃动。胸骨前缘两侧有 1 对关节沟（称乌喙沟），与乌喙骨形成关节；胸骨借肋与脊柱相连，同时通过乌喙骨与肩带骨相连。胸骨内面及侧缘有大小不等的气孔与气囊相通。

（三）前肢骨（翼骨）

家禽的前肢骨分为肩带骨和游离部骨。肩带骨是联系躯干的骨，而游离部骨则不与躯干相连。

1. 肩带骨　　包括乌喙骨、锁骨和肩胛骨。肩胛骨狭长而扁，与脊柱平行，前端与乌喙骨相连接，并形成肩臼。乌喙骨强大，为家禽所特有，呈长柱状，位于胸前口的两旁，下端与胸骨的乌喙沟形成牢固的关节。左、右锁骨下端互相愈合，合称为叉骨。鸡、鸽的叉骨呈"V"字形，鸭、鹅的呈"U"字形。锁骨上端与乌喙骨、肩胛骨紧密相连。

2. 游离部骨　　由肱骨、前臂骨和前脚骨组成，形成翼，平时折叠成"Z"字形贴于胸廓上。肱骨粗大，近端有一气孔与锁骨间气囊相通。鸭、鹅的肱骨较长。腕骨只保留尺腕骨和桡腕骨 2 块。指骨有 3 块，第 2、3 指骨各有 2 个指节骨，第 4 指骨只有 1 个指节骨，鸭、鹅的第 3 指骨有 3 个指节骨。

（四）后肢骨

家禽的后肢骨比较发达，包括盆带部的盆骨和游离部的腿骨。

1．盆骨　　盆骨即髋骨，包括髂骨、坐骨和耻骨。髂骨发达，向前可伸达胸部，与综荐骨形成骨性结合。坐骨为呈矢状面排列的扁骨，与髂骨完全愈合。耻骨为细长条状，位于坐骨腹侧。两侧髋骨与综荐骨广泛连接形成骨盆，但没有骨盆联合，骨盆腔的腹侧面是开放的，称为开放性骨盆，以适应雌禽产出大而有硬壳的卵。在产蛋期，两耻骨后端距离增宽，常以此鉴别禽的产蛋性能。

2．腿骨　　包括股骨、膝盖骨、胫骨、腓骨、跖骨和趾骨。跗骨已分别与胫骨下端和跖骨上端愈合，有 4 趾，第 1 趾向后，其余 3 趾向前。

二、骨连结

（一）前肢骨连结

家禽的前肢和躯干之间除乌喙骨与胸骨形成关节外，主要以一些肩带肌与躯干骨相连。肩胛骨与锁骨之间、锁骨与乌喙骨之间虽为关节，但几乎不能活动。锁骨与胸骨之间有胸锁韧带相连。肩关节强大，由肩胛骨、乌喙骨形成的关节盂与肱骨头构成，为双轴关节，主要做内收和外展运动。

（二）后肢骨连结

家禽的髂骨与综荐骨形成骨性结合和韧带连结。髋关节为髋臼和股骨头构成的多轴关节，主要做伸屈运动，不能做外展运动。膝关节包括股髌关节、股胫关节、股腓关节。股胫关节之间有半月板，在髌骨和胫骨之间有髌骨韧带。此外，有胫跗关节、跗趾关节和趾节骨间关节，行伸屈运动。

三、肌肉

家禽的肌肉特点是肌纤维较细，肌肉内无脂肪沉积。横纹肌分为白肌和红肌。

红肌收缩时间长，幅度小，不易疲劳，如腿部肌肉，为暗红色。白肌收缩快而有力，但易疲劳，如胸肌。飞翔能力差或不能飞翔的家禽，以白肌为主；善飞翔的鸟类和鸭、鹅等水禽，以红肌为主。

根据骨骼肌的分布、位置和功能性质可分为颈肌、胸肌、腹肌和四肢肌。颈肌发达且灵活，但缺臂头肌和胸头肌。胸肌极其发达，又称飞翔肌，其胸大肌主管翼的下降，胸小肌和三角肌主管翼的抬升。肋间肌发达，主管呼吸运动。家禽无膈肌，腹肌不发达，四肢及其小腿部肌肉特别发达。胸部还有 1 条特殊的栖肌，位于大腿前内侧，它的长腱向下、向后与小腿部的趾浅屈肌相连。当鸡栖息而蹲下时，膝关节因体重而屈曲，栖肌肌腱紧张，经趾浅屈肌将跗关节和趾关节同时屈曲起来，能牢固地攀持栖架，睡眠时也不致跌落。

任务二　被皮系统

一、皮肤

家禽的皮肤较薄，皮下组织疏松，毛细血管丰富。皮肤在翼部形成皮肤褶（称翼膜），可扩大羽着面，有利于飞翔。鸭、鹅等水禽趾间有皮肤蹼，有利于划水。

二、皮肤衍生物

禽类皮肤的衍生物主要包括羽毛、尾脂腺、冠、肉髯和鳞片等。

羽毛是禽体表特有的衍生物，几乎覆盖全身。根据羽毛的形态可分为正羽、绒羽和纤羽。正羽又叫被羽，构造较典型，有 1 根羽轴，下段叫羽根，着生在皮肤的羽囊内；上部叫羽茎，两侧具有羽片。绒羽的羽茎细，羽枝长，主要起保温作用。纤羽细小，只在羽茎顶部有少许羽枝。头部的冠、肉髯和耳垂都是皮肤的衍生物。冠的表皮薄，真皮厚，并含有丰富的血管。耳垂与肉髯的构造与冠基本相似。

禽类无汗腺和皮脂腺，仅在尾综骨背侧有一发达的尾脂腺。喙、爪、距及后脚部的鳞片均是由表皮角质层增厚所形成的。

任务三　内　脏　系　统

一、消化系统

家禽的消化系统包括消化管和消化腺。其中消化管由口咽、食管、嗉囊、胃、肠、泄殖腔、肛门等器官组成；消化腺由唾液腺、胃腺、肠腺、肝、胰等器官组成（图 13-2）。

（一）消化管

1. 口咽　家禽的口咽与哺乳动物差异较大，有唇、齿和明显的颊。上下颌形成的喙是采食器官。喙的形态因采食习性而有很大差异，在鸡和鸽为尖锥形，被覆有坚硬的角质；鸭和鹅的长而扁，除上喙尖部外，大部被覆以角质层较柔软的蜡膜，边缘并形成横褶，以便在水中采食时将水滤出。鸡的腭部具有呈锯齿状的几条腭褶；鹅有排成纵列的钝乳头。鸡、鸽的舌为尖锥形，舌体与舌根间有一列乳头；鸭、鹅的舌较长、较厚，除舌体后部外，侧缘有角质和丝状乳头。家禽的舌没有味觉乳头，在口腔和咽黏膜里仅分布有少量构造简单的味蕾，多在唾液腺管开口附近。家禽没有软腭，咽与口腔没有明显分界，因此常又合称为口咽。

唾液腺虽不大但分布很广，在口腔和咽的黏膜下几乎连成一片，其导管直接开口于黏膜表面，主要分泌黏液性唾液。在唾液腺管开口附近分布有少量构造简单的味蕾。

2. 食管和嗉囊

（1）食管　分颈段和胸段。在颈部的后半段，气管与食管一起转到颈部的右侧。胸段食管较短，位于两肺的腹侧，末端略变狭而与腺胃相接。

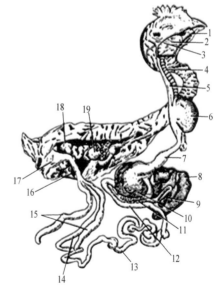

图 13-2　鸡的消化系统模式图

1. 口腔；2. 咽；3. 喉；4. 气管；5. 食管；
6. 嗉囊；7. 腺胃；8. 肝；9. 胆囊；
10. 肌胃；11. 胰；12. 十二指肠；13. 空肠；
14. 回肠；15. 盲肠；16. 直肠；17. 泄殖腔；
18. 输卵管；19. 卵巢

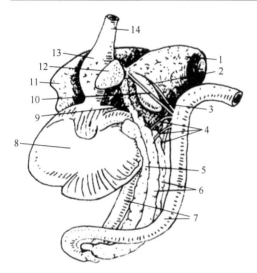

图 13-3 鸡的胃、肝、胰腺及十二指肠
1. 肝右叶；2. 胆囊；3. 胆囊管；4. 胰管；
5. 胰腺背叶；6. 胰腺腹叶；7. 十二指肠；8. 肌胃；
9. 胰腺脾叶；10. 肝管；11. 肝左叶；12. 脾；
13. 腺胃；14. 食管

食管壁由黏膜层、肌层和外膜构成，在黏膜层有食管腺，分泌黏液。颈部食管后部的黏膜层内含有淋巴组织，形成淋巴滤泡，称为食管扁桃体，鸭的较发达。

（2）嗉囊 位于皮下、叉骨之前，为食管的膨大部分。鸡的偏于右侧，鸽的分为对称的 2 叶。嗉囊内面沿背缘形成食管嗉囊裂，又称嗉囊道。嗉囊的前、后两开口相距较近，有时食料可经此直接进入胃内。鸽嗉囊的上皮细胞在育雏期增殖而发生脂肪变性，脱落后与分泌的黏液形成嗉囊乳，用于哺育幼鸽。鸭和鹅没有真正的嗉囊，但形成一个纺锤形的食管膨大部，作用同嗉囊。

3. 胃 家禽的胃分前后 2 部，前部为腺胃，后部为肌胃，中间为峡（图 13-3）。

（1）腺胃 又称前胃，呈短的纺锤形，位于腹腔左侧，在肝 2 叶之间的背侧。向前以贲门与食管直接相通，向后以峡与肌胃相接。胃壁较厚，内腔不大，食料存留的时间很短。腺胃黏膜与食管黏膜有较明显的分界，黏膜表面形成许多隆起的腺胃乳头，有腺体导管的开口。腺胃壁内有大量的腺体，可分泌胃酸、胃蛋白酶原及保护胃黏膜的黏液。

（2）肌胃 呈扁圆盘形，壁厚而坚实，位于腹腔略偏左侧、肝 2 叶之间的后方。其壁肌发达，收缩力大。肌胃的内层黏膜表面被覆一层厚而坚韧的类角质膜，由于胆汁的返流作用而呈黄色，其上有搓板楞状皱褶，能保护黏膜，称胃角质层，俗称"肫皮"。此膜在鸭呈白色，在鸡呈黄色，中药称"鸡内金"，是由肌胃腺的分泌物和黏膜上皮的分泌物及脱落的上皮细胞在酸性环境中硬化而形成的。肌胃内经常含有吞食的沙砾，故又称砂囊。沙砾能加强肌胃运动时研磨谷类饲料的作用。

4. 肠

（1）小肠 分十二指肠、空肠和回肠（图 13-2）。

十二指肠起始于幽门，位于腹腔右侧，形成"U"字形肠袢（鸭为马蹄形），分降支和升支，两支平行，以韧带相连接，其折转处可达骨盆腔。升支在胃的幽门附近移行为空肠。两袢间具有胰腺。升袢末端可见胰管、胆囊管和肝管进入十二指肠。空肠形成很多个肠袢，被空肠系膜悬吊于腹腔右侧。在空肠中部具有一小突起，称卵黄囊憩室，是胚胎期卵黄囊柄的遗迹。回肠与盲肠等长，位于 2 条盲肠之间，三者间有由腹膜构成的韧带联系。小肠黏膜内有肠腺。空肠和回肠肠壁内含有淋巴组织。

小肠的组织结构与哺乳动物相似，但黏膜下层较薄，小肠腺较短，无十二指肠腺，小肠绒毛长，无中央乳糜管，脂肪可直接吸收入血。

（2）大肠 包括 1 对盲肠和 1 条直肠。盲肠较长，沿回肠两旁向前延伸，可分为盲肠基部、盲肠体、盲肠尖 3 部分。盲肠基部较细，开口于回肠、直肠连接处的后方。盲肠体较宽，逐渐变尖而为盲肠尖。盲肠壁内含有丰富的淋巴组织，在盲肠基部集合成盲肠扁桃体，鸡的较明显，是疾病的主要观察部位。

家禽无明显的结肠，回肠、盲肠向后直接与直肠相接，因此有时也称结直肠。

5. 泄殖腔　位于直肠之后，为禽类排粪、排尿和排精（或卵）的共同腔体（图 13-4）。

它被 2 片环形的黏膜褶分为 3 个室：前室为粪道，与直肠直接相连，较宽大，黏膜上有短的绒毛；中室为泄殖道，最短，输尿管和生殖管（输精管或输卵管）分别开口于此；后室为肛道，以肛门（又称泄殖孔）开口于外。在肛道的壁内有括约肌和肛腺，肛腺为黏液腺，并分布有淋巴组织。肛道背侧在幼禽有腔上囊的开口。

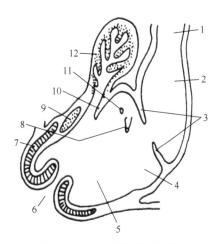

图 13-4　禽的泄殖腔模式图
1. 直肠；2. 粪道；3. 粪道泄殖道襞；4. 泄殖道；5. 肛道；6. 肛门；7. 括约肌；8. 输精管乳头；9. 肛道背侧腺；10. 泄殖道肛道襞；11. 输尿管口；12. 泄殖腔囊

（二）消化腺

家禽的消化腺除前述的唾液腺、胃腺、肠腺外，主要有肝和胰。

1. 肝　位于腹腔前下部，分左、右 2 叶，右叶略大，有胆囊（鸽无胆囊）。肝的颜色因年龄和肥育状况而不同，成年禽一般为淡褐色至红褐色；肥育禽因贮存脂肪而为黄褐色或土黄色，刚出壳的雏禽由于吸收卵黄素而呈黄色，约 2 周后色泽转深。肝的 2 叶脏面各有横沟为肝门，每叶肝动脉、门静脉和肝管由此出入。肝管有 2 条，右叶的肝管先注入胆囊，再由胆囊发出胆囊管，与直接来自左叶的肝管共同开口于十二指肠末端。

2. 胰　位于十二指肠袢内，呈淡黄色或淡红色，长条分叶状，通常分为背叶、腹叶和小的脾叶。鸡、鸽有 2~3 条胰管，鸭、鹅有 2 条。所有胰管均与胆囊管一起开口于十二指肠末端。胰腺内有内分泌组织即胰岛，能分泌胰岛素，以脾叶内为最多。

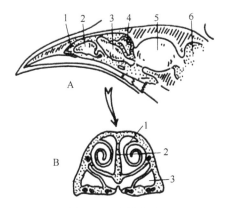

图 13-5　鸡的鼻腔
A. 纵剖面；1. 鼻孔；2. 前鼻甲；3. 中鼻甲；4. 后鼻甲；5. 眶间隔；6. 颅腔。
B. 横剖面；1. 中鼻甲；2. 鼻中隔；3. 眶下窦。

二、呼吸系统

家禽的呼吸系统由鼻、咽、喉、气管、鸣管、支气管、肺和气囊等器官组成。

（一）鼻和鼻腺

家禽鼻腔较狭小，鼻孔位于上喙基部。鸡的鼻孔有膜质性鼻瓣，其周围有小羽毛，可防止小虫、灰尘等异物进入；鸭、鹅的鼻孔有柔软的蜡膜，两侧鼻腔由鼻中隔隔开，鼻中隔大部分由软骨构成。每侧鼻腔侧壁上有 3 个软骨性鼻甲，前鼻甲与鼻孔相对，为"C"形薄板；中鼻甲较大，向内卷曲；后鼻甲位于后上方，呈圆形或三角形小泡状，黏膜上有嗅上皮分布。鼻甲之间为鼻道（图 13-5）。

眶下窦是禽唯一的鼻旁窦，位于眼球的前下方，略呈三角形。窦的外侧壁大部分为皮肤等软组织，窦的后上方有 2 个开口，分别通鼻腔和后鼻甲腔。患慢性呼吸道疾病时，此窦常有病变。

鼻腺位于鼻腔后部及眼球上方，输出管沿鼻骨内面向前，开口于鼻前庭。鸡的不发达，鸭、鹅等水禽的鼻腺呈半月形，较发达。鼻腺有分泌氯化钠调节渗透压的作用，称为鼻盐腺。

（二）咽、喉、气管、鸣管和支气管

1. 咽和喉　　喉位于咽底壁，在舌根后方，与鼻后孔相对。喉软骨仅有环状软骨和杓状软骨 2 种。环状软骨分成 4 片，是喉的主要基础。杓状软骨 1 对，形成喉口的支架，外面被覆黏膜。喉软骨上分布有扩张和闭合喉口的肌肉，吞咽时喉口肌收缩，可关闭喉口，防止食物误入喉中。禽的喉腔内无声带，喉口呈纵行裂缝状，由 2 个发达的黏膜褶形成。

2. 气管　　为喉的直接延续，由一系列的软骨环作为支架，相邻的软骨环相互套叠，可以伸缩，以适应头部的灵活运动。气管在皮肤下于颈的腹侧和食管伴行，到颈的下半部偏至右侧，入胸腔后转至食管胸段腹侧，至心基上方分为左、右 2 条支气管，分叉处形成鸣管。气管环数目很多（如鸡有 100～130 个），是 "C" 形的软骨环，但随年龄增长而骨化。

3. 鸣管　　也称后喉，是禽类特有的发音器官（图 13-6）。

位于胸前口气管分叉处，它以鸣骨为支架，管壁形成 2 对弹性薄膜，分别叫外鸣膜和内鸣膜，两鸣膜之间形成一对夹缝。鸣膜相当于声带，呼气时振动鸣膜而发声。公鸭鸣管的左侧形成一个膨大的骨质泡，无鸣膜，故发出的声音嘶哑。刚孵出的雏鸭可通过触摸鸣管来鉴别雌雄。自鸣管开始，气管即分为左、右支气管进入肺内。

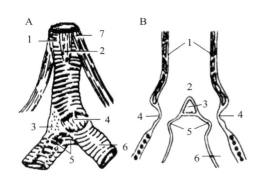

图 13-6　禽的鸣管

A. 鸣管外形；1. 气管；2. 喉气管肌；3. 鸣骨；
4. 外鸣膜；5. 内鸣膜；6. 支气管；7. 胸骨喉肌。

B. 鸣管纵切面；1. 气管；2. 鸣腔；3. 鸣骨；
4. 外鸣膜；5. 内鸣膜；6. 支气管

4. 支气管　　支气管经心基背侧而入肺，其支架由 "C" 形软骨环构成，缺口向内侧，缺口处形成膜壁。

（三）肺

肺呈扁平四边形，海绵状，鲜红色，不分叶，紧贴在胸腔背侧面，并嵌入肋骨之间。

肺由间质和实质组成。间质形成肺表面的浆膜，同时伸入肺实质内，形成小叶间结缔组织和呼吸毛细管间结缔组织，构成肺的支架。

肺的实质由三级支气管和肺房、漏斗、肺呼吸毛细管组成。支气管进入肺门，向后纵贯全肺并逐渐变细，称为初级支气管，后端出肺而连接于腹气囊。从初级支气管上，分出 4 群次级支气管；从次级支气管上分出许多三级支气管，肺房从三级支气管呈辐射状分出，呈不规则的囊腔，上皮为单层扁平上皮，相当于家畜的肺泡囊。肺房的底部又分出若干个漏斗，漏斗的后部形成丰富的肺呼吸毛细管，相当于家畜的肺泡，彼此吻合为网状，是气体交换的场所。一条三级支气管及其所分出的肺房、漏斗、肺呼吸毛细管构成 1 个肺小叶。因此，家禽支气管分支不形成哺乳动物的支气管树，而是互相连通吻合的管道（图 13-7）。

（四）气囊

气囊是禽类特有的器官，是支气管黏膜的肺外延伸部，囊壁很薄。气囊共有 9个，包括成对的颈气囊、前胸气囊、后胸气囊和腹气囊（最大）及 1 个锁骨间气囊（图 13-8）。

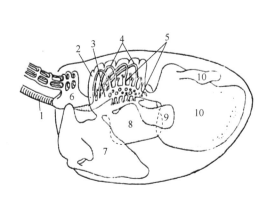

图 13-7　鸡的肺及气囊模式图（侧面）

1. 气管；2. 肺；3. 初级支气管；4. 次级支气管；
5. 三级支气管；6. 颈气囊；7. 锁骨间气囊；
8. 前胸气囊；9. 后胸气囊；10. 腹气囊

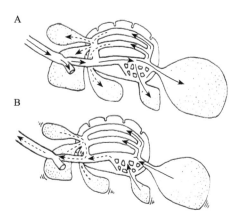

图 13-8　禽的气囊作用模式图

A. 为吸气时；B. 为呼气时；实箭头示吸入
的新鲜空气径路；虚箭头示经气体交换后的气体径路

颈气囊、锁骨间气囊和前胸气囊均与腹内侧群的次级支气管相通，共同组成前气囊。后胸气囊与腹外侧群次级支气管相通，腹气囊直接与初级支气管相通，共同组成后气囊。气囊所形成的憩室可伸入许多骨的内部和脏器之间。

气囊壁是一层薄的透明弹性结缔组织膜，血液供应很少，因此不具有气体交换作用。

禽类没有相当于哺乳类动物的膈，只有胸气囊壁与胸膜或腹膜所形成的囊胸膜和囊腹膜。禽类的某些呼吸系统疾病或某些传染病常在气囊发生。腹腔注射时如注入气囊，则会导致异物性肺炎。

三、泌尿系统

家禽的泌尿系统包括肾和输尿管（图 13-9），没有膀胱和尿道。

（一）肾

家禽的肾较发达，在大肠背侧，深居于腰荐骨的两旁和髂骨的肾窝内，前端可达最后肋骨，向后几乎达综荐骨的后端。淡红至褐红色，质软而脆，可分前、中、后三部分。肾周围没有脂肪囊，也无肾纤维膜。没有肾门，肾的血管、神经、输尿管在不同部位进出肾。

肾实质由许多肾小叶构成，可在肾表面看出轮廓。肾小叶表层为皮质区，深部为髓

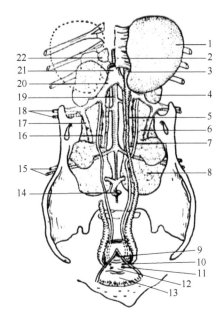

图 13-9　公鸡的泌尿器官和生殖器官

右侧睾丸及部分输精管切除，泄殖腔剖开。1. 睾丸；2. 睾丸系膜；3. 附睾；4. 肾前部；5. 输精管；6. 肾中部；7. 输尿管；8. 肾后部；9. 粪道；10. 输尿管口；11. 射精管乳头；12. 泄殖道；13. 肛道；14. 尾肠系膜静脉；15. 坐骨动脉及静脉；16. 肾后静脉；17. 肾门后静脉；18. 股动脉及静脉；19. 主动脉；20. 髂总静脉；21. 后腔静脉；22. 肾上腺

质区，但由于肾小叶的分布深浅不一，皮质和髓质区分不很明显。肾单位的肾小球不发达，构造简单，仅有 2~3 条血管祥。入肾血管有 2 支，即肾动脉和肾门静脉；出肾血管有 1 支，为肾静脉。

（二）输尿管

家禽的输尿管较直而细，从肾中部走出，沿肾的腹侧面向后延伸，开口于泄殖道顶壁两侧。管壁很薄，有时可看到腔内有白色尿酸盐晶体。

四、生殖系统

（一）雄性生殖系统

雄性生殖系统包括睾丸、附睾、输精管和交配器，家禽无副性腺。

1. 睾丸　　是成对的实质性器官，位于腹腔内，以短系膜悬挂在肾前部的腹侧，体表投影在最后 2 根肋骨的上部。睾丸的大小和色泽因品种、年龄、生殖季节而有很大变化。幼禽睾丸很小，如鸡只有米粒大，淡黄色；成禽睾丸具有明显的季节变化，生殖季节发育至最大，颜色也由黄色转为淡黄色甚至白色，非繁殖季节则萎缩变小。

2. 附睾　　不发达，呈长纺锤形，紧贴在睾丸的背内侧缘，又称睾丸旁导管系统。附睾管很短，出附睾后延续为输精管，有贮存、浓缩、运输精子，分泌精清等功能。睾丸和附睾与较大的血管相邻，在进行阉割手术时，要特别注意。

3. 输精管　　为一对弯曲的细管，与输尿管并列而行，因壁内的平滑肌逐渐增多而增粗。末端形成输精管乳头，突出于输尿管口略下方。家禽的输精管有分泌精清、贮存精子、运输精液的机能。家禽没有副性腺，精清主要由精曲小管、睾丸输出管及输精管的上皮细胞所分泌。

4. 交配器　　公鸡的交配器不发达，是 3 个并列的小突起，称阴茎体（图 13-10），位于肛门腹侧唇内侧。刚出壳的雏鸡较明显，可用来鉴别雌雄。交配时，一对外侧阴茎体因充满淋巴而增大，中间形成阴茎沟，伸入母鸡的阴道。鸭、鹅的阴茎较发达，鸽无交配器。

（二）雌性生殖系统

雌性生殖系统包括卵巢和输卵管（图 13-11），仅左侧充分发育而具有生殖功能，右侧在胚胎早期发育过程中即

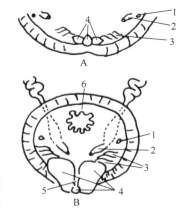

图 13-10　公禽的交配器

A. 成年公鸡；B. 为勃起时

1. 输尿管；2. 输精管乳头；3. 淋巴褶；4. 阴茎体；5. 阴茎沟；6. 粪道

泄殖道襞

停滞而退化，孵出后头几天退化为遗迹。

1．卵巢　以系膜和结缔组织附着于左肾前部及肾上腺腹侧。幼禽为扁平椭圆形，表面呈颗粒状，被覆生殖上皮，卵泡很小，呈灰白或白色。随年龄增长和性活动周期，卵泡不断发育生长，并贮积大量卵黄，逐渐突出卵巢表面，至排卵前7～9d仅以细的卵泡蒂与卵巢相连，因而卵巢呈葡萄状。在产蛋期，卵巢经常保持4～5个较大的卵泡。排卵时，卵泡膜在薄而无血管的卵泡斑处破裂，将卵子排出。卵泡没有卵泡腔和卵泡液，排出后不形成黄体，卵泡膜于2周内退化消失。在换羽期，停止排卵和成熟。卵巢萎缩，直到下次产卵期，卵泡再开始生长。

2．输卵管　左输卵管发育完全，在成禽为长而弯曲的管道，从卵巢向后延伸到泄殖腔。根据形态和功能的不同，可分为漏斗部（伞部）、膨大部（卵白分泌部）、峡部、子宫部和阴道部5部分。末端开口于泄殖道顶壁。

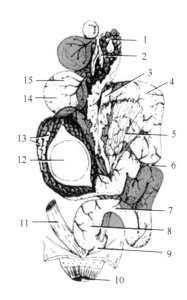

图13-11　母鸡的生殖器官模式图

1.卵巢；2.排卵后的卵泡膜；3.漏斗部；4.膨大部；5.输卵管腹韧带；6.输卵管背韧带；7.峡部；8.子宫部；9.阴道部；10.肛门；11.直肠；12.膨大部内的卵泡（已割开输卵管）；13.输卵管黏膜褶；14.卵泡斑；15.成熟卵泡

（1）漏斗部　位于卵巢的后方，是输卵管的最前部，具有喇叭口状的漏斗伞，朝向卵巢，以接纳排出的卵子。漏斗部中央为裂隙状的输卵管腹腔口，又叫漏斗口，从此口向后延续为漏斗管，管壁内具有漏斗管腺，其分泌物用以形成卵系带。漏斗也是精、卵相遇而受精的部位。

（2）膨大部　又称卵白分泌部，产蛋期的膨大部是最粗、最长的部分，壁厚，呈灰白色，有纵行皱褶，壁内有大量腺体，分泌物形成蛋白。

（3）峡部　略细而短，具有一窄的透明带，能分泌角质蛋白，构成内、外2层卵壳膜。

（4）子宫部　也称壳腺部，呈囊状，较峡部粗大，壁较厚，卵在此部存留时间最长，能分泌钙质、角质和色素，形成坚硬的卵壳。

（5）阴道部　为输卵管的末端，是雌禽的交配器官，开口于泄殖道的左侧，平时折成"S"形。其分泌物形成卵壳外面的一薄层致密的角质膜。在阴道壁内存在阴道腺，叫精小窝，无分泌作用，而是母禽贮存精子的部位。此后在一定时期内（10d左右）陆续释放出精子，可使受精作用持续进行。

任务四　心血管和淋巴系统

一、心血管系统

（一）心脏（图13-12）

禽的心脏占身体的比例较大，位于胸腔的腹侧，夹于肺的左、右叶之间，呈圆锥形，心基朝向前上方，与第1、2肋骨相对；心尖斜向后方，与第5、6肋骨相对。

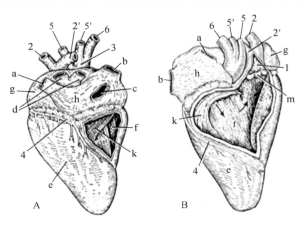

图 13-12　鸡的心脏

A. 左侧（右心室壁一部分切开）；B. 右侧（右心室壁一部分切开）

1. 肺干；2. 左肺动脉；2′. 右肺动脉；3. 主动脉；

4. 冠状动脉；5. 左臂头动脉；5′. 右臂头动脉；6. 降主动脉

a, b. 左、右前腔静脉；c. 后腔静脉；d. 肺静脉；e. 左心室；

f. 右心室；g. 左心房；h. 右心房；k. 右房室瓣；m. 肺干瓣

心脏的构造与家畜的相似，也分为左、右心房和左、右心室。右心房有静脉窦（鸡明显），与心房之间以窦房瓣为界。2 条前腔静脉和 1 条后腔静脉开口于右心房。在右房室口上无哺乳动物心脏的三尖瓣，而为一半月形肌性瓣（右房室瓣），没有腱索。左房室口、主动脉口和肺动脉口上的瓣膜则与哺乳类动物的相似。

心脏的传导系统除窦房结、房室结、房室束干和左、右脚外，房室束还分出一返支，形成右房室环，绕过右房室口，回至房室结，主要分布到右房室瓣。另外，禽的房室束及其分支无结缔组织鞘包裹，兴奋易扩布到心肌，这与禽的心跳频率较高有关。

（二）血管

右心室发出肺动脉干，分为左、右 2 支肺动脉入肺。

1. 动脉　　左心室发出右动脉弓（哺乳动物为左动脉弓），延续为主动脉（图 13-13）。右主动脉弓向前分出左、右臂头动脉，并分出左、右颈总动脉和左、右锁骨下动脉。主动脉体腔背正中后行，分出的体壁支有成对的肋间动脉和腰荐动脉；脏支有腹腔动脉、肠系膜前动脉、肠系膜后动脉和 1 对肾前动脉。此外，还发出髂外动脉、坐骨动脉到后肢。

坐骨动脉还分出肾中动脉和肾后动脉到肾的中、后部，肾前动脉还分支到睾丸或卵巢。主动脉最后分出一对细的髂内动脉分布到泄殖腔、腔上囊等处后，延续为尾动脉。

2. 静脉　　肺静脉有左、右 2 支，注入左心房。

全身静脉汇集成 2 支前腔静脉和 1 支后腔静脉，开口于右心房的静脉窦（图 13-14）。但鸡的左前腔静脉直接开口于右心房。前腔静脉是由同侧的颈静脉和锁骨下静脉汇合而成的。两侧颈静脉在皮下沿气管两侧而行，其中右颈静脉较粗。两侧颈静脉在颅底有颈静脉间吻合，称为桥静脉。翼部的尺深静脉（也称翼下静脉）是前肢的最大静脉，在皮下可清楚地看到其走向，是家禽采血和静脉注射的部位。后腔静脉由两髂总静脉汇合而成。髂总静脉由髂内静脉与髂外静脉汇集而成。

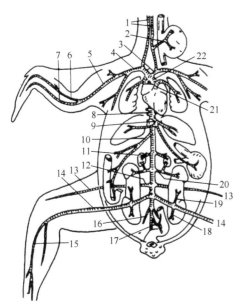

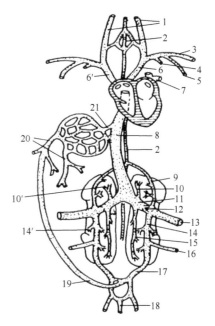

图 13-13　鸡全身动脉主干模式图

1. 颈总动脉；2. 嗉囊动脉；3. 左臂头动脉；4.（右）锁骨下动脉；5. 臂动脉；6. 桡动脉；7. 尺动脉；8. 主动脉；9. 腹腔动脉；10. 肠系膜前动脉；11. 睾丸动脉；12. 髂外动脉；13. 股动脉；14. 坐骨动脉；15. 胫前动脉；16. 髂内动脉；17. 肠系膜后动脉；18. 肾后动脉；19. 肾中动脉；20. 肾前动脉；21. 肺动脉；22. 主动脉弓

图 13-14　鸡躯干静脉模式图

1. 左、右颈静脉；2. 椎内静脉窦；3. 臂静脉；4. 胸内静脉；5. 胸肌静脉；6, 6′. 左、右前腔静脉；7. 肺静脉；8. 后腔静脉；9. 肾门前静脉；10. 肾前静脉；10′. 出肾支；11. 髂总静脉；12. 肾门静脉瓣；13. 髂外静脉；14. 肾门后静脉；14′. 入肾支；15. 肾后静脉；16. 坐骨静脉；17. 髂内静脉；18. 尾中静脉；19. 肠系膜后静脉；20. 肝门静脉；21. 肝静脉

　　肝门静脉有左、右 2 支，进入肝的 2 叶。左干较细，主要汇集来自胃的血液；右支较粗，由肠系膜前静脉、肠系膜后静脉及部分胃、胰、十二指肠静脉的血液注入。在两髂内静脉吻合处有一尾肠系膜静脉，又称肠系膜后静脉，它也是肝门静脉右干的一个属支。借这一静脉，体壁静脉与内脏静脉联系在一起。肝静脉有 2 支，由肝的 2 叶走出，直接注入后腔静脉。

　　肾门静脉有 2 支：肾门前静脉来自椎内静脉窦，行于肾前部的实质内，注入髂总静脉；肾门后静脉位于肾中部和后部内，为髂内静脉的延续，并有坐骨静脉注入。肾门静脉在肾内分出许多入肾支，在肾实质内最后分支为小叶内静脉。小叶内静脉出肾小叶后陆续汇合为一些出肾支，汇集为前、后 2 支静脉，分别注入髂总静脉。

二、淋巴系统

（一）淋巴器官

家禽的淋巴器官有胸腺、腔上囊、脾、淋巴结和哈德氏腺等。

1. 胸腺　　位于颈部气管两侧皮下，每侧一般有 7（鸡）或 5（鸭、鹅和鸽）叶，椭圆片状，沿颈静脉直到胸腔入口的甲状腺处，淡黄或粉红色。性成熟前发育至最大，以后随着年龄的增长逐渐退化，成年鸡只留下遗迹。其组织结构与家畜的胸腺相似。

2. 腔上囊　　又称泄殖腔囊或法氏囊，是禽类特有的淋巴器官。位于泄殖腔背侧，开口于肛道，鸡的呈圆形，鸭、鹅的呈长椭圆形。禽孵出时已存在，性成熟前发育至最大（3～5月龄），此后开始退化为小的遗迹（鸡10月龄，鸭1年），直至完全消失。黏膜形成纵褶（鸡12～14个，鸭、鹅2～3个）突入囊腔内。泄殖腔囊是产生B淋巴细胞的中枢性淋巴器官，主要功能是参与机体的体液免疫。

法氏囊的组织结构分为黏膜层、黏膜下层、肌层和浆膜。表面被覆假复层纤毛柱状上皮，固有层内有大量排列密集的淋巴小结。

3. 脾　　位于腺胃与肌胃交界处右侧，较小，呈圆形或三角形，质软而呈褐红色，外包有薄的结缔组织膜，其白髓与红髓的区分不明显。脾主要参与免疫等功能，贮血作用不明显。

4. 淋巴结　　仅见于鸭、鹅等水禽，在淋巴管壁内发育而成。恒定的有两对：一对为颈胸淋巴结，长纺锤形，位于颈基部和胸前口处，紧贴颈静脉；另一对为腰淋巴结，位于腰部主动脉两侧，长形。淋巴结的中央贯穿有中央窦；淋巴小结分散于淋巴结内，小结之间是淋巴索和淋巴窦。

5. 哈德氏腺　　也称瞬膜腺，较发达，淡红色，位于第3眼睑（瞬膜）的深部，为复管泡状腺。腺体内含有许多淋巴组织和大量的淋巴细胞，参与机体的免疫。

（二）淋巴组织

淋巴组织除形成一些淋巴器官外，还广泛分布于体内，如实质性器官、消化道壁及脉管壁内，有的为弥散性，有的呈小结状，有的为集合淋巴小结，后者如盲肠扁桃体、食管扁桃体等。

（三）淋巴管

禽的淋巴管较少，主要有毛细淋巴管、淋巴管、淋巴干、胸导管。淋巴管的瓣膜不发达，壁内有淋巴小结。胸导管有1对，从骨盆沿主动脉两侧向前行，其内流动淋巴，最后注入两前腔静脉。

任务五　内分泌和神经系统

一、内分泌系统

家禽的内分泌系统由甲状腺、甲状旁腺、脑垂体、肾上腺、腮后腺、胰岛、性腺和松果体等内分泌器官和分散于胰腺、卵巢、睾丸等器官内的内分泌细胞组成。

（一）甲状腺

甲状腺1对，为椭圆形、暗红色小体。位于胸腔前口处气管两侧，紧靠颈总动脉和颈静脉。大小可因家禽的品种、年龄、季节、饲料中碘的含量而发生变化，一般多呈黄豆粒大小。其主要机能是分泌甲状腺激素。

（二）甲状旁腺

甲状旁腺呈黄色或淡褐色，很小，如芝麻粒大。位于甲状腺后端，有2对（有的鸡有3对），其中有1对位于腮后腺内。

（三）脑垂体

脑垂体为扁平长卵圆形，位于丘脑下部，以垂体柄与间脑相连接。其包括腺垂体和神经垂体两部分。腺垂体分为结节部和远侧部，位于腹侧。结节部包围垂体柄的漏斗和正中隆起；远侧部分前、后2个区。神经垂体形成漏斗、正中隆起和神经叶。漏斗和正中隆起构成垂体柄，神经叶位于腺垂体远部的背侧。第3脑室延伸而成神经垂体隐窝。

（四）肾上腺

肾上腺位于两肾前端，左右各一，呈卵圆形、锥形或不规则形，黄色、橘黄或褐色。肾上腺由肾间组织和嗜铬组织构成，分皮质和髓质，皮质和髓质分散而呈镶嵌状分布，区分不明显。皮质主要分泌糖皮质激素、盐皮质激素；髓质主要分泌肾上腺激素和去甲肾上腺激素。

（五）腮后腺

腮后腺也叫腮后体，成对，位于甲状腺和甲状旁腺的后方，呈球形，淡红色。能分泌降钙素，参与调节体内钙的代谢，与禽髓质骨的发育有关。

（六）胰岛

胰岛是分散在胰腺中的内分泌细胞群，有分泌胰岛素和胰高血糖素的作用。

（七）性腺

公禽睾丸的间质细胞分泌雄激素。母禽卵巢间质细胞和卵泡外腺细胞能分泌雌激素和孕激素。

（八）松果体

松果体又称松果腺，位于两大脑半球与小脑之间，以较长的松果体脚与间脑顶相连。

二、神经系统

（一）中枢神经系统

1. 脊髓　　家禽的脊髓于枕骨大孔与脑相连，延伸于脊柱椎管的全长，直至尾综骨，后端形成脊髓圆锥而不形成马尾。颈胸部和腰荐部形成颈膨大和腰荐膨大，是翼和腿的低级运动中枢所在地。腰荐膨大背侧形成菱形窦，内有富含糖原的胶质细胞团，叫胶质体（糖原体）。脊髓的构造与哺乳动物相似，内部为中央管和灰质，外周为白质。

2. 脑　　分后脑、中脑和前脑三部分。后脑包括延髓和小脑，家禽没有脑桥。延髓与脊髓相似，但较粗，中央管扩大形成第4脑室。小脑只有1个发达的蚓部，两侧的小脑绒球很小。中脑包括大脑脚、视叶和中脑导水管。大脑脚是延髓向前的延续部分，位于视交叉后方、左右视束和视叶之间。视叶又称中脑丘或二叠体，很发达，相当于家畜的前丘，位于大脑脚与大脑之间，前端与视交叉相连形成视束。前脑包括大脑半球、嗅球、丘脑、松果体、漏斗、垂体、视束、视交叉及第3脑室和侧脑室。

（二）外周神经系统

1. 脊神经　　成对排列，可分颈神经、胸神经、腰荐神经和尾神经。脊神经由背根和腹根组成，并分为背侧支和腹侧支，其中主要的为臂神经丛和腰荐神经丛。臂神经丛由颈胸部4~5对脊神经的腹侧支形成，其分支分布于前肢及胸部的皮肤和肌肉。腰荐神经丛由8对腰荐神经的腹侧支参与形成，其分支分布于后肢和骨盆部。其中最大的坐骨神经穿经肾，经髂坐孔穿出分布于后肢。

2. 脑神经　　与家畜一样，也有12对，嗅神经细小。视神经由中脑的视顶盖发出。三叉神经发达，特别是水禽的动眼神经及下颌神经较粗大，与喙的敏锐感觉有关。面神经较细，分布于颈皮肌和舌骨肌。舌咽神经分布于舌、咽、喉和颈段食管、气管。副神经不明显，舌下神经分布于舌骨肌及气管肌，后者与发声有关。

3. 植物性神经 交感干有1对，从颅底颈前神经节起，沿脊柱向后延伸终止于尾神经节（奇神经节），干上有一系列椎旁神经节。但颈前部、胸部和综荐部前部的神经节与脊神经节紧密相连，因此交通支不明显。

副交感神经与家畜相似，头部副交感节前纤维也随动眼神经、面神经、舌咽神经和迷走神经分布，迷走神经很发达。

【复习思考题】

1. 家禽的骨骼有哪些与飞翔相适应的特点？
2. 家禽的骨骼与家畜的有何不同点？
3. 家禽的肌肉与家畜的有哪些不同点？
4. 家禽的消化系统由哪些组成，与家畜的消化系统相比有哪些特点？
5. 家禽的呼吸系统由哪些组成？
6. 简述家禽气囊的组成。
7. 家禽的泌尿系统有哪些特点？
8. 家禽的生殖系统由哪些组成？
9. 与家畜相比，家禽的脊髓和脑有何特点？
10. 家禽的被皮系统与哺乳动物有何区别？

（王红芳）

胚胎学基础

任务一 生 殖 细 胞

【学习目标】

熟悉雌性生殖细胞和雄性生殖细胞的形态和结构。

【常用术语】

精子、卵子。

【技能目标】

熟练掌握雌性生殖细胞和雄性生殖细胞的形态和结构特点。

【基本知识】

生殖细胞是维持物种延续的特殊细胞，也称配子。它是动物个体进入性成熟阶段时，分别在睾丸和卵巢内分化、担任世代交替任务的高度特化的细胞，包括雄性配子和雌性配子，即精子和卵子，是个体发生的基础。

一、精子的形态和结构

精子是父系遗传物质的载体，主要任务是在受精时将全部父系遗传物质提供给卵子。动物界中的精子一般可分为两种类型，即鞭毛型和无鞭毛型。哺乳动物的精子属于鞭毛型，一些海洋和淡水无脊椎动物的精子为无鞭毛型。

不同动物精子的外形、大小略有差异，禽畜的精子呈蝌蚪状，由头部、颈部和尾部三个部分组成（图 14-1）。头部主要由细胞核（含有全部父系遗传信息）和顶体（主要成

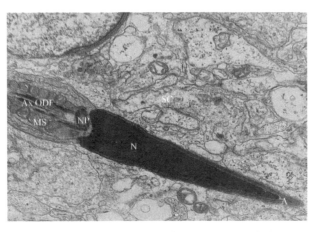

图 14-1　哺乳动物精子超微结构（透射电镜，×17 700）（李德雪和尹昕，1995）

N. 细胞核；A. 顶体；NP. 颈段；MS. 中端线粒体鞘；Ax. 轴丝；ODF. 外周致密纤维；SC. 支持细胞

分为水解酶类）构成；颈部是头部和尾部的连接部，在精子颈部含有中心粒，其主要任务是在受精后启动受精卵的卵裂；尾部又分为中段、主段和末段。整个尾部的中心贯穿着一条由微管构成的类似于纤毛结构的轴丝。

（一）头部

各种动物精子头部形状之间有很大差异。牛、羊和猪的精子头部为扁卵圆形，马为正卵圆形，犬为梨形，禽类为细长锥形。

1. 细胞核　　占据头部的大部分，构造致密，全部由异染色质组成，易为碱性染料着色，其主要成分是 DNA 和核蛋白。核蛋白主要由组蛋白和鱼精蛋白组成。核膜为两层，核膜孔比较稀少。

2. 顶体　　在细胞核前端约 2/3 的部分，覆盖着一个囊泡状结构的帽形顶体。顶体由顶体内膜和顶体外膜围绕而成。核前部分的顶体较厚，顶端最厚，顶体帽的下缘变薄，靠近核的中部，称顶体的赤道段。该处的质膜在受精过程最先与卵质膜发生融合。顶体来源于高尔基复合体，并含有与受精有关的酶类。

（二）颈部

颈部非常短，许多动物精子看不到明显的颈部，颈部位于头部和尾部之间，由位于中央的近端中心粒和远端中心粒，以及位于外周的 9 条致密纤维组成。近端中心粒位于核底部的浅窝内，远端中心粒变为基粒发出轴丝伸向尾部。颈部最易受损破坏，使头尾分离。

（三）尾部

精子的尾部又称鞭毛，是精子的运动器官，分为中段、主段和末段。

1. 中段　　是尾部最粗的一段，主要由轴丝、外周致密纤维和线粒体鞘构成。轴丝分布于尾部中央，由 9+2 型的微管组成，中央有两根微管，周围有 9 组二联体微管。在轴丝的外周有自颈部延伸而来的 9 条致密纤维，其功能尚不十分清楚。在致密纤维的外面包有线粒体鞘，它是精子运动的能量来源。在线粒体鞘的末端（中段和主段的接合部），质膜内折形成终环，可以防止线粒体向主段移位。

2. 主段　　是尾部最长的一段，约占尾部全长的 80%。主段中央由轴丝组成，其外面包绕着致密纤维，再外则由纤维鞘（尾鞘）包绕，线粒体鞘消失。纤维鞘内的致密纤维由 9 条变为 7 条，呈左 3 右 4 排列，由于这种致密纤维的不对称分布，精子尾部向单侧摆动，促进精子向前运动。

3. 末段　　末段是精子尾部最短最细的一段，结构简单，致密纤维和尾鞘消失，仅由 9+2 结构的轴丝和外被的细胞膜构成。

在哺乳动物，雄性有两种性染色体，即 X 和 Y 染色体。因此，通过减数分裂可产生携带 X 和 Y 两种染色体的精子细胞，变态形成 X 和 Y 精子。在禽类，雄性只有一种 Z 染色体。因此，通过减数分裂只能形成一种 Z 精子。

精子的最大特点是有运动能力。精子尾部呈波动状运动，使精子绕纵轴旋转前进。但精子的生存能力差。温度、酸碱度、营养物质、光线和氧等对精子的活动都有影响。精子在 37～38℃时运动能力正常，温度升高则活动加快，但很快死亡；温度在 4℃以下，精子活动停止。现代的精液冷冻技术，可使精子在 -196～-78℃条件下长期保存，而升温后仍具有受精能力。冷冻精液同时也淘汰了一部分弱的精子，有择优汰劣、提高精液品质的作用。家畜精子在雌性生殖道内，一般只能生存 1～2d，也因动物种类和发情期不同而有差异。例如，马的精子在雌性生殖道内可生存 144h 左右，并保持受精能力。禽类精子的生命力较强，在雌性生殖道可存活 15～20d，因此一次交配可使约两周内排卵的卵子受精。

二、卵子的形态和结构

卵子作为母系遗传物质的载体，不但为合子提供母系遗传物质，而且提供早期胚胎发育的能量物质和信息物质。

卵子通常为圆球形，其直径依物种而异，一般为 120～160μm。刚排出的卵子是卵丘-卵母细胞复合体，可明显地区分为卵细胞、透明带和放射冠三部分（图 14-2）。当卵母细胞成熟时，细胞与透明带之间形成空隙，称为卵周隙。在电镜下观察，大多数家畜排出的新鲜卵子是处于第二次减数分裂中期的次级卵母细胞，卵子停滞在此期等待受精；但马排卵排出的是处于第一次减数分裂的卵母细胞，卵周隙内无第一极体。

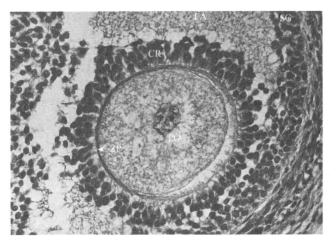

图 14-2　哺乳动物卵丘-卵母细胞复合体（李德雪和尹昕，1995）
PO. 初级卵母细胞；ZP. 透明带；CR. 放射冠；FA. 卵泡腔；SG. 颗粒层

卵子细胞膜具有许多向外突出的微绒毛。在卵成熟之前，微绒毛伸入透明带内，卵成熟之后，微绒毛自透明带内撤出，倒伏在卵表面上。细胞质的细胞器主要有线粒体、内质网和皮质颗粒。皮质颗粒是卵细胞的特殊细胞器，由高尔基复合体或滑面内质网产生，结构类似于溶酶体。

透明带随卵母细胞发育而不断增厚，其功能主要是保护卵子和参与受精过程中的精、卵识别。透明带的外周是由卵泡细胞转化而成的放射冠。

卵子和精子一样，也是高度分化的生殖细胞，雌性家畜只有一种性染色体，即 X 染色体，通过减数分裂只产生携带 X 染色体的卵母细胞。而雌性家畜具有两种性染色体，即 Z 和 W 染色体，通过减数分裂产生携带 Z 或 W 染色体的两种卵母细胞。卵子没有运动能力，从卵巢排出后，进入输卵管，依靠输卵管肌肉的收缩和上皮纤毛的摆动，向子宫方向移动。卵子生存能力也很低，在生殖器官内存活时间较短，一般在 12～24h 内。如果卵子未能及时与精子相遇受精，则可能在 24h 内开始老化并最终死亡。因此，掌握雌性动物的发情状态，准确选择受精时间十分重要。

任务二 禽畜胚胎发育

【学习目标】

熟悉禽畜胚胎发育的过程。

【常用术语】

受精、卵裂、囊胚、原肠胚。

【技能目标】

1. 熟练掌握囊胚、附植、原肠胚的定义。
2. 区分并了解禽畜胚胎发育过程的特点。

【基本知识】

胚胎发育包括受精、卵裂与桑椹胚、囊胚、附植、原肠胚的形成及分化等过程。

一、受精

精子与卵子结合成合子的过程称受精。它是胚胎发育开始的标志。受精有两方面意义：一是使双亲遗传物质融合，恢复二倍体染色体数目；二是激活卵母细胞，诱导一系列代谢反应，确保胚胎的正常发育。

（一）家畜受精

哺乳动物的受精部位通常在输卵管壶腹。精子进入母畜生殖道，到达受精部位所需时间不一，一般为数十分钟到数小时，少数十几分钟即可到达。一次交配中射出的精子可达几亿或几十亿个，而能到达受精部位的仅 10～100 个。

精子从射出至运行到受精部位，必须经过雌性生殖道的三个生理屏障，即子宫颈、子宫及子宫与输卵管连接处才能实现受精。精子在雌性生殖道运行期间，会经过一系列变化，使得其获得穿透卵子透明带的能力，此过程为精子获能。精子在到达透明带之前，需要借助于精子头部质膜上的透明质酸酶和某些糖苷酶的水解作用及精子的机械运动，共同承担精子穿入卵丘细胞的任务。随后，精子与卵母细胞结合，该过程依赖于存在于精子头部的卵结合蛋白（受体）和存在于透明带中的受体分子间的亲和作用。此外，当获能精子和卵子接触时，精子的顶体破裂，形成许多囊泡，各种酶溢出，称为顶体反应。精子和卵母细胞牢固结合后开始穿入透明带，直到进入卵周隙，并很快附着于卵母细胞的微绒毛上，随后头部迅速平卧，以顶体赤道段和顶体后区的质膜与卵质膜接触，卵母细胞的微绒毛将精子头部包裹并发生质膜间的相互融合，从而将整个精子拖入卵母细胞胞质。精子与卵母细胞的融合，使处于休眠状态的卵母细胞恢复减数分裂并启动一系列代谢变化，最终导致细胞分裂，该过程又称为卵激活。卵激活使得卵质膜下规则排列的皮质颗粒胞吐到卵周隙中，即皮质反应，从而阻止多精受精的发生。精子入卵后，尾部迅速消失，头部细胞核膨大变圆，形成雄原核。与此同时，排出第二极体的卵子形成雌原核。雌、雄原核可同时发育，几小时内可增大十几倍。随后，雌、雄原核逐渐靠近、接触，核膜、核仁消失，染色体彼此混合，形成二倍体的受精卵，又称合子。至此，受精过程结束。卵子在受精时，胚胎的性别已基本决定，这是由两性生殖细胞中的性染色体决定的。

（二）家禽受精

禽类的卵母细胞在结构上与哺乳动物卵母细胞有显著不同，故受精过程也存在一些差异。

禽类的受精部位在输卵管漏斗部，因此精子必须运行至此部位才能实现受精。禽类精子运行的屏障包括阴道部、输卵管中运行的卵母细胞、输卵管分泌物及免疫应答反应等。体外授精试验证明，禽类的精子不经获能也能授精，因此获能过程对于禽类精子意义不大。禽类卵母细胞外有卵周膜，其与哺乳动物的透明带结构极其相似，因此禽类精子受精的关键步骤是精子与卵周膜的结合并发生顶体反应。精子入卵后，由于禽类卵母细胞缺少像哺乳动物所具有的皮质颗粒，不具有阻滞多精受精的快速反应机制，因此禽类的受精卵都是多精受精，多精受精导致在受精卵中可见多个雄原核，在这许多雄原核中只有一个与雌原核靠近融合成核子，其余的雄原核迁移到胚盘外围，在卵裂前降解消失。

二、卵裂与桑椹胚

受精卵最初发生的数次细胞分裂称为卵裂，分裂后的细胞称为卵裂球。桑椹胚是指多次分裂的卵裂球紧密化后的密实的细胞球体。卵裂的方式大体分为全裂和不全裂，这与卵质中卵黄的含量及其分布情况相关。卵黄对卵裂有一定的阻抑作用，卵裂的速度在卵黄含量低的一极快，高的一极慢。因此，卵裂在卵黄含量低的受精卵（均黄卵和中黄卵）为全裂，在卵黄含量高的受精卵为不全裂。

（一）家畜卵裂

家畜卵子因卵黄含量少且分布均匀，因此卵裂方式为全裂。但家畜卵子为次生均黄卵，其卵裂又明显不同于典型的均黄卵。主要表现在：卵裂速度慢，两次卵裂间隔时间长（可达12～24h）；卵裂球分裂不同步，为异时卵裂，经常可见3、5、7或9细胞胚胎，又称旋转式卵裂（图14-3）。由于卵裂一直在透明带中进行，随着卵裂次数的增加，细胞数目不断增多，卵裂球体积逐渐减小，胚胎成为由许多卵裂球紧密聚合的实心球体，称桑椹胚。家畜卵裂开始在输卵管内进行，随后胚胎迅速通过输卵管峡部进入子宫。各种家畜的早期胚胎在输卵管内的停留时间和进入子宫所处的发育阶段各不相同。

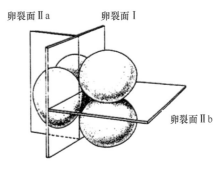

图 14-3　哺乳动物早期卵裂示意图
（Gilbert，2006）

（二）家禽卵裂

家禽卵子为极端端黄卵，由于卵黄对卵裂有阻碍作用，因而不能全裂，故其卵裂

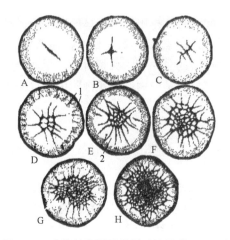

图 14-4　鸡卵的卵裂示意图（沈霞芬，2014）
1. 副裂不育的卵裂；2. 边缘细胞

仅在胚盘处进行，属于不全卵裂或盘状卵裂（图 14-4）。经过多次卵裂后，胚胎开始形成早期桑椹胚的表面观，但不形成像哺乳动物那样典型的球形桑椹胚。

三、囊胚

桑椹胚继续发育，最终形成的内部具有空腔结构的胚泡称为囊胚。它是胚胎进行原肠作用的基础。

（一）家畜囊胚的形成

在哺乳动物，桑椹胚形成之后，随着细胞进一步分裂，卵裂球分泌液体，在胚胎内部出现一些含有液体的腔隙，并逐渐加大形成一个囊腔，卵裂球被挤到外周，此时的胚胎称胚泡或囊胚。囊腔称胚泡腔，在胚泡腔一侧的细胞团，称内细胞团，内细胞团所处的位置构成胚盘，将分化为胚体。围绕胚泡腔的细胞逐渐变成扁平形，称滋养层细胞，可吸收营养，滋养胚体，将分化为胚外膜部。

（二）家禽囊胚的形成

由于家禽的卵子是极端端黄卵，细胞质和细胞核被挤到动物极形成胚盘。家禽的卵裂仅局限在胚盘部位，不形成哺乳动物那样典型的球形桑椹胚结构。因此，囊胚的形成过程与哺乳动物有一定的差异。

鸡胚在 32 细胞期后，胚盘中央的细胞层与下面的卵黄物质分离，形成胚盘下腔，看起来透明。因此，胚盘中央称为明区，明区边缘细胞由于和卵黄相接触，看起来不透明，则称为暗区。大多数细胞仍然维系在表面形成上胚层，某些细胞则单个迁移到胚下腔中，形成多点内陷小岛。此后不久，胚盘后部暗区细胞向内卷入生长，使得多点内陷小岛融合，两者会合在一起形成下胚层。由上胚层和下胚层组成的两层囊胚在暗区边缘连接在一起，之间的空间即囊胚腔。

四、附植

初期的囊胚仍然游动于子宫腔内，以后胚泡腔内液体逐渐增多，胚泡变大，胚泡外面的透明带也随之变薄、消失。胚泡滋养层细胞与子宫内膜上皮密切相接，建立起营养物质与废物交换关系，这个过程称为附植，又称着床。附植需要经过胚泡孵化、延长和迁移三个阶段。胚泡附植时，其在子宫壁的位置、附植时的大小以及附植开始的时间均依动物种类而不同。

五、原肠胚的形成及分化

（一）原肠胚的形成

胚胎细胞通过剧烈而又有序的活动，使囊胚细胞重新组合，形成由外胚层、中胚层和内胚层三胚层构成的胚胎结构，这个过程称为原肠胚的形成。此时的胚胎称为原肠胚，由内胚层和中胚层包围形成的新腔称为原肠。通过原肠作用，胚胎细胞首先从未分化状态出现最早的三胚层分化，其次是新形成的不同胚层细胞之间发生相互诱导作用，为胚胎形成结构复杂的有机体奠定基础。

从进化上来看，家畜和禽类都是由爬行动物进化而来的。因此，家畜的胚胎发育类似于禽类和爬行类。在禽类和家畜，原肠形成的开始都是以原条出现为标志。

1. 内、外胚层的形成　　胚泡附植后，内细胞群下方的细胞以分层迁移的方式，沿滋养层内面胚泡腔四周逐渐形成一个新的完整的细胞层，称内胚层，又称原肠。内胚层细胞围成的腔，称原肠腔。在内胚层形成的同时，内细胞群上方的滋养层的细胞溶解消失，使内细胞群裸露出来，呈圆盘状，称胚盘。其表面细胞分化增殖形成一层柱状细胞层称外胚层。周边与滋养层细胞相连，滋养层也改称外胚层。

2. 中胚层的形成　　胚盘形成后，细胞的增殖和迁移，导致胚盘形态变化，从圆盘变为长椭圆形，一端宽大，将来形成胚体的头部，另一端窄小，将来形成胚体的尾部。胚胎的发育逐渐向结构复杂的方向演变，形成原条和中胚层。先由胚盘的窄端，即胚体的尾部外胚层细胞增殖，迅速加厚，最初呈新月形，并向胚盘中轴集中，形成一条隆起的细胞索，称原条或者原线，原条最长达胚盘的2/3。原条的形成标志着胚体的纵轴是胚胎生长发育的中心，原条有诱导周围组织分化的作用，它诱导中胚层和脊索的形成。原条的中央下陷称原沟，原沟两侧的隆起称原褶，原沟前端的凹陷称原窝，原窝的头端边缘细胞迅速堆积称原结。

原条的出现诱导中胚层，细胞从胚盘中原始外胚层分化出来。在胚盘后端，内、外胚层之间，由原沟向两端分出中胚层，中胚层细胞分裂增殖很快，并向前、向后、向两侧扩展，伸于胚盘的内、外胚层之间，继而延伸分成内外两层，分别包在原肠壁外面和衬于外胚层内面。其位于胚盘范围之内的部分，称胚内中胚层，延伸至胚盘以外的部分，称胚外中胚层。

原节处前端的细胞向前在内、外胚层之间形成一条细胞索，称脊索，随后脊索向后长，原条往后退，脊索长成，原条退化殆尽。脊索是胚胎早期的支持器官之一，胚胎的脊柱将在脊索周围形成。

原条是胚胎时期的临时性器官，随胚胎的发育完成其使命，最后残留成椎间盘中央的髓核。

三胚层形成后，由于胚盘各部位的生长速度不同，扁平形的胚盘向腹侧卷曲并向中央集中，形成向背侧拱起的圆柱状胚体。

（二）三胚层的分化

三个胚层的形成，为胚胎由更简单的胚层结构，分化发育成更为复杂的组织和器官奠定了物质基础。

1. 外胚层的分化　　当脊索形成后，将诱导脊索表面的外胚层发生神经管。最先是脊索背侧的外胚层加厚，形成的板状称神经板。神经板中央下陷，形成神经沟，神经沟两侧隆起称神经褶。两侧神经褶在神经沟中段首先愈合，然后向两端延伸，逐渐形成两端开口的神经管。随后其两端开口封闭。

神经管前端膨大发育成脑的原基，后端形成脊髓，在神经褶闭合形成神经管时部分细胞分出，形成左右两条神经嵴，从嵴上分化出神经节，包括脑、脊神经节和植物性神经节。

外胚层除主要形成神经系统的原基外，其余部分将随着胚胎的发育演化形成皮肤表皮的原基及其衍生物、感觉上皮、口腔、鼻腔、肛门、尿生殖道末端的上皮等。

2. 中胚层的分化　　中胚层最初只是一层细胞，随着胚胎的发育和胚体形态的变化，胚内中胚层细胞不断分裂增厚，在脊索两侧分化形成上段中胚层、中段中胚层和下段中胚层。上段中胚层从胚体的头端增殖形成左右成对体节，逐次展向尾端。体节也是早期胚胎的中轴支持器官。体节进一步分化为生肌节、生皮节和生骨节。生肌节是体节背中侧的细胞群，将分化形成相应水平位置上的骨骼肌，生皮节为体节背外侧的细胞群，形成皮肤的真皮和皮下组织，生骨节是体节腹内侧的细胞群，集中于神经管和脊索两侧，围绕脊索形成脊柱。中段中胚层分化形成泌尿生殖系统的原基。下段中胚层与胚外中胚层相连形成胎膜。下段中胚层出现腔隙，并逐渐扩大，把中胚层分为两层。内层称脏壁中胚层，与内胚层相贴将分化为消化和呼吸系统的肌组织、血管和结缔组织。外层称体壁中胚层，与外胚层相贴，将来形成体壁的部分原基。脏壁中胚层与体壁中胚层之间的腔称原始体腔，腔内部分称胚内体腔，将分化为胎儿的胸腔和腹腔等，胚外部分称胚外体腔，为尿囊所占有。

3. 内胚层的分化　　在胚层形成过程中，内胚层是最先形成的。在神经管形成过程中，随着神经管的发育，胚体中央部分向背侧隆起，胚盘周缘向腹面包曲称体褶。首先在头尾两侧出现头褶和尾褶，继而出现侧褶，使原来扁平的胎盘成为一圆筒状的胚胎。头端部分称前肠，形成咽、食道、胃。在食道的腹侧壁分化出呼吸系统（喉、气管、支气管、肺）；中段称中肠，分化为小肠，在胃后和小肠的起始部形成肝、胰；尾端部分称后肠，分化形成部分大肠。

任务三　胚外膜与胎盘

【学习目标】

熟悉禽畜胚外膜的类型及胎盘种类。

【常用术语】

卵黄囊、羊膜、浆膜、绒毛膜、尿囊、胎盘。

【技能目标】

1. 熟练掌握禽畜胚外膜的类型及来源。
2. 掌握不同胎盘的类型。

【基本知识】

一、胚外膜

畜禽为适应陆地生活，在胚体外面形成一些膜组织，用于保护胚胎、吸收营养、交换气体、存放和排泄废物等。这些膜组织称为胚外膜，在哺乳动物又称为胎膜，是胚胎发育过程中的一些临时性结构，在胚胎发育结束时将消失或废弃。

（一）家畜的胚外膜

家畜的胚外膜有 4 种，分别为卵黄囊、羊膜、绒毛膜及尿囊（图 14-5）。

1. 卵黄囊 原肠胚形成后，由于体褶发生，胚体上升，原肠缢缩成胚内和胚外两部分，胚内部分称原肠，胚外部分称卵黄囊。卵黄囊早期很大，逐渐缩小退化。牛、羊和猪的卵黄囊对胚胎营养作用不大。马的卵黄囊与绒毛膜结合，形成卵黄囊绒毛膜胎盘，与子宫壁相连，有营养作用，以后被尿囊绒毛膜代替。卵黄囊壁在胚胎早期分化形成血岛及许多卵黄囊血管，由血岛形成原始血细胞进行造血。

2. 羊膜和绒毛膜 随着胚体的形成，胚盘周围的胚外外胚层和胚外体壁中胚层形成羊膜褶。猪妊娠第 15 天左右，羊膜头褶、侧褶和尾褶在胚胎的背侧部汇合，羊膜与绒毛膜同时形成。羊膜褶的内、外层断离，羊膜在内，包围胚体，绒毛膜在外，包围其他胎膜，并与子宫内膜密贴。

羊膜和绒毛膜的胚层结构相同，但位置相反。羊膜的内层是外胚层，外层是体壁中胚层；而绒毛膜的内层是体壁中胚层，外层是外胚层。

羊膜腔内充满羊水，胎儿漂浮在羊水中。羊水由羊膜上皮细胞分泌，又不断地被羊膜吸收和被胎儿吞饮入消化管，故羊水经常更新。随着胎儿的生长发育，羊水也相应增多。羊水既能调节温度，又能缓

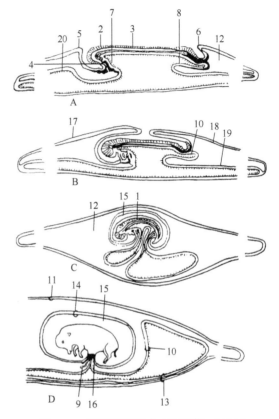

图 14-5 猪胎膜的形成（沈霞芬，2014）
A. 体节开始形成期；B. 约 15 个体节期；
C. 约 25 个体节期；D. 35mm 猪胚
1. 胚体；2. 神经板；3. 脊索；4. 心脏；5. 羊膜头褶；6. 羊膜尾褶；7. 前肠；8. 后肠；9. 卵黄囊；10. 尿囊；11. 绒毛膜；12. 胚外体腔；13. 尿囊绒毛膜；14. 羊膜；15. 羊膜腔；16. 脐带；17. 胚外外胚层；18. 胚外体壁中胚层；19. 胚外脏中胚层；20. 胚外内胚层

冲来自各方面的压力，从而保证胎儿正常发育。此外，羊膜壁上的平滑肌，能有节律地收缩，防止胎儿粘连。

绒毛膜包在胚胎及其他附属结构外面，主要起呼吸、排泄及营养供给等作用。

3. 尿囊 尿囊是排泄胚胎发育期所产生的废物的膜囊，由后肠后端向腹面形成突起，初期为很小的盲囊，迅速发育，扩展于胚外体腔中。尿囊与绒毛膜相贴形成尿囊绒毛膜，两者的胚外中胚层共同分化为血管；继续发育，尿囊绒毛膜与子宫内膜上皮相连形成尿囊绒毛膜胎盘，以吸取营养物质和排除废物。

（二）家禽的胚外膜

家禽的胚外膜有 4 种，分别为卵黄囊、羊膜、浆膜及尿囊（图 14-6）。

1. 卵黄囊 鸡胚孵化 24h 时，卵黄囊壁的脏壁中胚层分化出间充质，进而细胞聚集成血岛，血岛分化形成原始血管网和原始血细胞，为循环系统的建立奠定基础。卵黄

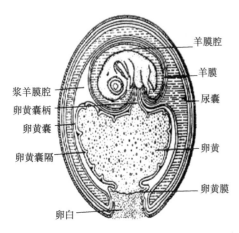

图 14-6 家禽的胚外膜示意图

囊上的血管网逐渐与胚体内形成的心血管相连通，建立卵黄囊血液循环，从而开始了自卵黄吸收营养物质和进行气体交换。

2. 羊膜和浆膜　　家禽的羊膜和浆膜是同时发生的两种胚外膜。在羊膜和浆膜形成过程中，浆羊膜褶会合连接处，不像家畜那样完全断裂形成两个独立的膜囊，而在形成时留有一缝隙，称浆羊膜缝，它在胚胎发育中起着重要的作用。

3. 尿囊　　尿囊在鸡胚孵化第 3 天末开始形成，也是由后肠的后端腹面突出一个盲囊而成。尿囊开始形成后发育迅速，孵化第 4 天则伸展到胚外体腔中，当孵化第 5 天时与浆膜内面发生接触，并不断扩展与浆膜紧贴共同形成尿囊浆膜。尿囊浆膜形成后，在其壁上形成大量的血管网，经尿囊动脉和静脉与胚体内血管相连通，构成尿囊循环。尿囊在胚外体腔中进一步扩展，包住羊膜和卵黄囊，并在浆膜深面推动浆膜，共同向蛋的锐端扩展，包围已经逐渐浓缩的蛋白，形成蛋白囊。

尿囊壁的结构同卵黄囊相同，内层为胚外内胚层，外层为胚外脏壁中胚层。在尿囊循环建立后，其气体代谢活动更加旺盛，直到雏鸡出壳以前，肺呼吸发生之前一直发挥其作用。因此说尿囊是胚胎发育期的重要呼吸结构。另外，尿囊内储有胎儿的尿液，因此其也是重要的排泄物储存器官。当雏鸡出壳时，尿囊柄断开，尿囊、浆膜及其内排泄物全部弃在蛋壳内。

二、胎盘

胚泡附植完成后，胎膜和子宫内膜相互作用，逐步发育成胎盘。胎盘是胎儿与母体进行物质交换的结构，由胎儿胎盘和母体胎盘组成。胎儿胎盘可分为三种基本类型，即卵黄膜绒毛膜胎盘、羊膜绒毛膜胎盘和尿囊绒毛膜胎盘。哺乳动物的胎儿胎盘属于尿囊绒毛膜胎盘，母体胎盘即子宫内膜。

（一）胎盘的分类

根据不同的分类标准，哺乳动物的尿囊绒毛膜胎盘有不同的分类方法。

1. 根据胎盘的形态和尿囊绒毛膜上绒毛的分布方式分类

（1）散布胎盘　　除胚泡的两端外，大部分绒毛膜表面上都均匀分布着绒毛（马）或皱褶（猪），后者与子宫内膜相应的凹陷部分嵌合。猪和马的胎盘属此种类型。

（2）子叶胎盘　　绒毛在绒毛膜表面聚集成簇，形成绒毛叶或子叶。子叶与子宫内膜上的子宫肉阜紧密嵌合。反刍动物的胎盘属此种类型。

（3）带状胎盘　　绒毛膜集中在胚泡的赤道部周围，呈一宽环带状，与子宫内膜相结合。猫和犬等肉食动物的胎盘属此种类型。

（4）盘状胎盘　　绒毛集中在绒毛膜一盘状区域内，与子宫内膜基质相结合形成胎盘。灵长类和啮齿类的胎盘属此种类型。

2. 根据胎盘的屏障结构分类

胎盘的胎儿部分由三层组织构成，即血管内皮、间充质和滋养层上皮。胎盘的母体部分也由三层组织构成，但排列方向相反，即子宫内膜上皮、结缔组织和血管内皮。胎儿与母体血液之间的物质交换必须通过这些组织所形成的胎盘屏障。在各种胎盘中，胎儿部分三层组织变化不大，但母体部分有很大的不同。因此，根据屏障的构成，可将胎盘分成4类。

（1）上皮绒毛膜胎盘 所有的三层组织都存在，绒毛嵌合于子宫内膜相应的凹陷中。猪和马的散布胎盘属于此类，大多数反刍动物的妊娠初期子叶也属这一类。

（2）结缔绒毛膜胎盘 子宫内膜上皮变性脱落，绒毛上皮直接与子宫内膜结缔组织接触。反刍动物妊娠后期胎盘属于此类。

上述两种胎盘，绒毛膜与相对完好的子宫组织相结合，分娩时不造成大的损伤，又称非蜕膜胎盘。

（3）内皮绒毛膜胎盘 子宫内膜上皮和结缔组织脱落，胎儿绒毛上皮直接与母体血管内皮接触。许多肉食动物（猫、犬）的带状胎盘属此种类型。

（4）血绒毛膜胎盘 所有的三层子宫组织都脱落，滋养层绒毛直接浸泡在母体血管破裂后形成的血窦中。人和啮齿类的盘状胎盘属此类。

上述两种胎盘，绒毛膜与子宫组织结合牢固，子宫内膜基质发生肥大，形成蜕膜。分娩时，蜕膜随胎膜脱落，子宫组织损伤很大，所以又称蜕膜胎盘。

（二）胎盘的功能

胎盘执行许多机能，对于胎儿起着成体胃肠道、肺、肾、肝和内分泌腺的作用。此外，胎盘还将母体与胎儿分隔开来，确保胎儿发育的独立性。

1）胎盘是母体与子体物质交换的器官，而且交换是选择性的，是以渗透的方式进行的，物质通过主动运输而传递。

2）保护作用可以阻止细菌进入胎儿体内，但保护不健全，不能阻止病毒和某些细菌、放射线等。

3）绒毛膜能分泌一些促性腺激素、孕激素，使母体不再发情、排卵，从而保证了胎儿的正常生长。此外，胎盘还可以分泌生长激素和促乳激素。

【复习思考题】

1. 简述精子、卵子的形态和结构。
2. 简述受精过程。
3. 简述三个胚层的形成及分化。
4. 家畜的胎膜有哪几种？其形成及功能如何？
5. 家畜的胚胎有哪几种类型？各种类型胎盘屏障的结构如何？

（赵惠媛）

主要参考文献

程会昌. 2014. 动物解剖学与组织胚胎学. 北京：中国农业大学出版社.

李德雪，尹昕. 1995. 动物组织学彩色图谱. 长春：吉林科学技术出版社.

彭克美. 2009. 畜禽解剖学. 2版. 北京：高等教育出版社.

沈霞芬. 2014. 家畜组织学与胚胎学. 4版. 北京：中国农业出版社.

王会香. 2008. 动物解剖原色图谱. 合肥：安徽科学技术出版社.

杨银凤. 2011. 家畜解剖学及组织胚胎学. 北京：中国农业出版社.

Akers M R, Denbow M D. 2013. Anatomy and Physiology of Domestic Animals. 2nd ed. New York: John Wiley & Sons, Inc.

Dyce K M, Sack W O, Wensing C J G. 2010. Veterinary Anatomy. 4th ed. Amsteldam: Saunders Elsevier.

Gilbert S F. 2006. Developmental Biology. 8th ed. Sunderland: Sinauer Associates Inc.